ÉTUDES

SUR

LA TACTIQUE

PAR

M. GRIVET,

Capitaine adjudant-major au 73e régiment de ligne.

PARIS

LIBRAIRIE MILITAIRE

J. DUMAINE, LIBRAIRE-ÉDITEUR DE L'EMPEREUR,

Rue et passage Dauphine, 30.

1865

ÉTUDES

SUR

LA TACTIQUE.

IMPRIMERIE DE COSSE ET J. DUMAINE, RUE CHRISTINE, 2.

ÉTUDES

SUR

LA TACTIQUE

PAR

M. GRIVET,

Capitaine adjudant-major au 73e régiment de ligne.

PARIS

LIBRAIRIE MILITAIRE

J. DUMAINE, LIBRAIRE-ÉDITEUR DE L'EMPEREUR,

Rue et passage Dauphine, 30.

1865

Les ouvrages militaires sont rares, et dans bien des circonstances, les officiers ne peuvent se les procurer. Je crois donc faire une œuvre utile en offrant à mes camarades un résumé des formations tactiques employées jusqu'à nos jours.

J'ai décrit dans ce but les manœuvres les plus usitées sur les champs de bataille, espérant mettre ainsi chacun à même de voir quelles sont les formations qui doivent être préférées, et dans quelles circonstances elles trouvent leur application. Ce n'est pas un livre que j'ai la prétention de faire : j'expose simplement en regard de faits l'opinion de nos écrivains militaires et de nos chefs les plus illustres.

ÉTUDES

SUR

LA TACTIQUE.

CHAPITRE Ier.

Considérations tactiques.

Lorsqu'on étudie l'histoire au point de vue militaire, on est frappé de voir les peuples victorieux être toujours supérieurs à leurs adversaires par leur tactique ; leurs armées, dans les mouvements d'ensemble comme dans les détails des manœuvres, étaient exercées d'après des méthodes supérieures à celles de leurs ennemis.

La phalange grecque vainquit la cavalerie perse, mais elle disparut sous les coups de la légion romaine, aussi disciplinée et plus mobile. C'est par la tactique que la légion conquit le monde. Un moment elle fut arrêtée dans sa marche : Annibal la vainquit par ses manœuvres et l'emploi de réserves indépendantes ; mais lorsque les Romains se furent approprié ses principes tactiques, il dut succomber à son tour. César acheva de perfectionner la tactique des troupes, conserva des réserves d'infanterie et de cavalerie : aussi devint-il le maître du monde.

C'est donc la perfection des manœuvres et leur juste

application sur le champ de bataille qui donnent la victoire. Les grands mouvements qui précèdent l'acte final, la bataille, ne conduisent qu'à un désastre si l'on n'est pas tactiquement supérieur à son adversaire.

C'est au point de vue purement tactique que nous allons étudier la guerre de Sept Ans et les guerres de la République et de l'Empire.

L'étude des moyens tactiques employés dans les armées de Frédéric est très-intéressante sous tous les rapports. Ils sont le résumé des perfectionnements successifs apportés dans les manœuvres par les grands généraux qui parurent avant lui; ils ont de plus été la base de nos théories et subsistent encore en partie dans notre nouveau règlement. Mais avant d'aborder ce sujet, nous allons jeter un coup d'œil sur les événements militaires qui précédèrent ce règne célèbre.

Après la chute de l'empire romain, la cavalerie finit par régner seule sur les champs de bataille; l'infanterie reparaît à la naissance des communes, mais elle fut longtemps mauvaise.

Pendant nos longues guerres avec l'Angleterre, nous voyons les Anglais rester vainqueurs, grâce à la tactique. La bataille de Crécy met en évidence les archers anglais. Édouard avait introduit dans son armée une tactique, une discipline, un ordre inconnus à cette époque. Les nobles d'outre-Manche combattaient à la tête de l'infanterie. Les archers anglais avaient des armes meilleures que les arbalétriers du continent, puisque l'archer décochait six flèches pendant que l'arbalétrier lançait trois carreaux; l'archer avait vingt-quatre flèches dans son carquois, tandis que l'arbalétrier ne pouvait porter que dix-huit carreaux. Ajoutons que les archers anglais étaient d'une adresse remarquable, et qu'ils savaient se couvrir de palissades pour arrêter le choc de la cavalerie, alors à la merci de leurs coups. En outre à Crécy, à Poitiers, à Azincourt, les Anglais montrèrent dans le choix des positions défensives qu'ils occupaient ce tact qui les fit réussir à Talavera, Busaco, Albuera, Waterloo. Ils eurent le même bonheur de se trouver en présence d'ennemis trop impatients, désunis d'idées, qui usèrent une partie de leurs forces en efforts décousus, laissèrent l'autre partie inactive, ou furent arrêtés par quelque diversion puissante.

Nous trouvons à Crécy du côté des Anglais supériorité d'organisation, supériorité d'armement, supériorité de manœuvres.

A la suite de ces longues guerres, nous arrivons à l'époque où l'Europe semble sortir des langes de l'enfance. Les ténèbres du moyen âge se dissipent peu à peu. En France, Louis XI dompte les grands vassaux, crée une armée permanente, organise l'artillerie. L'infanterie suisse apparaît sur la scène militaire comme l'idéal d'une infanterie brave, compacte, disciplinée ; elle va porter le dernier coup à la chevalerie.

La nécessité et l'expérience furent les instituteurs de cette nation célèbre. Forcés de résister aux chevaliers de la maison d'Autriche, ils se groupèrent en masses compactes hérissées de hallebardes, et arrêtèrent leurs ennemis dans les étroits chemins entourés de montagnes où ils s'étaient imprudemment engagés. Vainqueurs à Morgarten, à Sempach, à Nœfels, ils firent revivre la formation compacte de la phalange. Après le combat d'Arbebo, ils adoptèrent la pique de dix-huit pieds.

Charles le Téméraire, dernier représentant de la féodalité, fut abattu par cette vigoureuse infanterie. Les victoires de l'infanterie suisse étonnèrent l'Europe. Tous les souverains voulurent avoir à leur solde quelques milliers de ces redoutables montagnards.

L'infanterie suisse, dit l'auteur de l'histoire militaire de cette nation, était souhaitée dans l'armée française non-seulement pour sa bravoure et sa discipline, mais aussi pour sa patience, qui ne se démentait jamais.

L'artillerie, en devenant mobile, arrêta l'essor que prenait leur réputation. François Ier les vainquit à Marignan, grâce à son artillerie. Ainsi cette arme, en se perfectionnant, doit finir par rétablir l'équilibre dans cet antagonisme perpétuel des différentes armes.

L'apparition des armes à feu devait changer la tactique de l'infanterie.

Les ordres de bataille de Henri IV sont remarquables en ce sens qu'il sut admirablement prendre ses dispositions en raison de ses forces et du terrain, mais il fit faire peu de progrès à la tactique de l'infanterie.

Maurice de Nassau adopta une formation où l'on reconnaît sans peine l'étude de la tactique romaine ; son armée se formait sur trois lignes ; de plus il diminua l'épaisseur de ses bataillons. C'était un grand progrès tactique, car il se donnait un plus grand front sans diminuer la force de sa ligne. Ce progrès tactique lui donna la victoire.

Avec Gustave-Adolphe s'ouvre une ère nouvelle ; profondément instruit dans la science de la guerre, ce héros connaissait en outre à fond tout ce que les dernières guerres avaient produit de remarquable en tactique et en organisation militaires. Déjà fait au commandement par ses campagnes contre les Danois et les Moscovites, il amenait en Allemagne, au secours de la ligue protestante, une armée valeureuse, endurcie aux combats comme aux fatigues, admirablement disciplinée et pleine de confiance dans le chef qui jusqu'alors l'avait conduite à la victoire.

Les troupes impériales étaient sans discipline ; l'infanterie était lourde, mais inébranlable ; la cavalerie, vêtue de fer, composait une troupe redoutable; l'artillerie était puissamment organisée, mais peu mobile. Les Allemands affectionnaient les masses profondes; l'infanterie se rangeait en bataillons d'une profondeur de 10 à 45 hommes, et comprenant deux tiers de piques et un tiers de mousquetaires. Les chefs de cette armée jouissaient de la plus haute réputation comme généraux; ils avaient fait preuve du plus grand talent dans leurs campagnes, connaissaient parfaitement le jeu des différentes armes, comme aussi l'importance d'une réserve destinée à fixer la victoire ; leur ordre de bataille favori était celui qui range les troupes sur plusieurs lignes se prêtant un appui successif.

Gustave-Adolphe, au moment de porter la guerre en Allemagne, comprit la nécessité d'adopter une tactique meilleure que celle de ses adversaires. Il basa toute son organisation sur deux principes immuables, discipline et mobilité, sources fécondes de la force et des qualités manœuvrières qui distinguent les armées destinées aux grandes choses.

Gustave-Adolphe fractionne ses troupes en unités complètes se suffisant à elles-mêmes, sous des chefs toujours les mêmes, mais se prêtant au besoin un appui réciproque. Il institue une discipline forte et sévère. Il délivre ses armées de ces nuées de valets qui encombrent les armées allemandes ; ses bagages sont réduits au strict nécessaire.

Lui-même donne l'exemple de la continence et de la sobriété. Il imprime une ardeur et une soif d'honneur inextinguibles jusque dans les derniers rangs, en faisant de l'avancement la récompense de la bravoure et du talent. Pour rendre la surveillance plus facile et établir une puissante émulation, il donne des uniformes à ses troupes.

Comme le roi avait trouvé que, dans les bataillons profonds formés d'après la vieille manière, les derniers rangs étaient gênés par les premiers, et que le canon produisait un grand ravage, il ne fit mettre son infanterie que sur six hommes de hauteur ; mais lorsque le combat commençait, on dédoublait les files de sorte qu'ils ne se trouvaient plus que sur trois rangs. De cette manière, le canon ne faisait pas beaucoup d'effet, et les derniers rangs comme les premiers pouvaient se servir de leurs armes.

L'infanterie était divisée en régiments de mille huit hommes, comprenant huit compagnies fortes chacune de soixante-douze mousquetaires et de cinquante-quatre piquiers. Deux régiments formaient une brigade.

Le roi avait inventé une nouvelle manière de ranger l'infanterie : les mousquetaires étaient couverts par les piquiers, qu'ils soutenaient par leur feu.

Pour la cavalerie, il la rangea sur trois hommes de profondeur ; elle devait tomber droit sur l'ennemi, le renverser par son premier choc. Le premier rang et au plus le second devaient faire feu, mais seulement lorsqu'ils pouvaient distinguer le blanc des yeux des ennemis. Ils devaient ensuite mettre le sabre à la main. Le troisième rang ne devait pas tirer, mais avoir l'épée à la main, et conserver les deux pistolets en réserve pour la mêlée. Les hommes des deux premiers rangs conservaient un pistolet dans le même but.

La cavalerie était divisée en cornettes de cent vingt chevaux.

Dans l'ordre de bataille, les intervalles des escadrons étaient garnis de compagnies de quatre-vingts à deux cents mousquetaires choisis parmi les plus braves, dans les régiments les plus forts. Cette tactique de la cavalerie était remarquable, et rendait cette arme à son emploi naturel sur le champ de bataille, où elle doit agir par le choc et non par son feu.

En étendant ainsi son ordonnance, Gustave-Adolphe se donne la supériorité du feu et le moyen de placer ses troupes sur plusieurs lignes, tandis que les généraux allemands, voulant présenter un front aussi étendu que celui des Suédois, ne pouvaient plus former qu'une seule ligne avec leurs masses épaisses.

Portant son attention jusque dans les détails les plus minimes, il allége la pique en la réduisant à dix pieds ; il remplace les incommodes mousquets à fourchette par des arquebuses légères ; puis, comme la charge se faisait lentement, au point que l'on trouvait étonnant que dans une bataille chaque homme eût pu tirer six coups, il invente les cartouches, adopte les platines à rouet et la giberne, supprimant ainsi tout l'attirail de bandoulières et de boîtes compliquées qui renfermaient les munitions des arquebusiers. L'artillerie fut aussi l'objet de ses soins. Il adopta pour la guerre d'Allemagne de petites pièces régimentaires courtes à large embouchure, avec lesquelles on tirait plus à mitraille qu'à boulet. Ces pièces étaient en tôle de fer cerclées avec des lanières de cuir. Le roi disposait en outre d'une artillerie de fort calibre. La cartouche fut adoptée pour les bouches à feu.

« Personne ne l'égalait, dit Chemnitz, à mener l'armée contre l'ennemi, ou à conduire la retraite sans éprouver de pertes, ni à loger à son aise en pleins champs et à entourer en hâte son camp de retranchements ; il était impossible de mieux connaître la fortification, l'attaque et la défense. Personne ne savait mieux que lui juger son ennemi et se conduire d'après les divers hasards de la guerre. Prenant à l'instant même une résolution sur la contenance de l'ennemi, et profitant de l'occasion, il était impossible de l'égaler dans la manière de placer les troupes en bataille » (Chemnitz).

Enfin, par une innovation non moins heureuse, l'armée du roi de Suède campait toujours en ordre de bataille et à proximité d'une ville ; le roi couchait au milieu de ses soldats en plein air.

Nous nous sommes longuement étendu sur les perfectionnements introduits par le roi de Suède, parce qu'ils démontrent clairement que ce grand homme ne comptait pour vaincre que sur la supériorité de son armée comme tactique, organisation, armement.

Les généraux suédois continuèrent à mettre en pratique les principes de Gustave-Adolphe après la mort de ce grand homme.

Turenne fut un grand tacticien. Créqui régularise les ordres de marche des armées et contribue à rendre extrêmement prompt et facile le passage de l'ordre de marche à l'ordre en bataille. Dès cette époque, les armées sont formées sur deux lignes avec une réserve composée d'abord de cavalerie et plus tard de toutes armes.

On marche par la droite ou par la gauche de l'ordre de bataille sur plusieurs colonnes.

Les ordres de marche de Frédéric II sont exactement ceux du maréchal de Créqui.

A la fin du règne de Louis XIV, la tactique tombe en décadence, les troupes ne manœuvrent plus qu'avec une inconcevable lenteur, l'inconvénient des longues lignes minces porte les esprits sérieux à chercher de nouvelles méthodes.

Folard propose un système où l'on revient aux formations profondes; mais au milieu des revers de la fin du règne de Louis XIV, son système n'est pas étudié.

Après la mort du maréchal de Saxe, l'armée tombe dans la plus complète ignorance; c'était le moment où commençait la guerre de Sept Ans; c'est ce qui fit la gloire du grand Frédéric.

CHAPITRE II.

Frédéric le Grand.—Tactique prussienne.

Frédéric, en montant sur le trône, hérita d'une armée parfaitement disciplinée, et forte de 70,000 hommes dont 26,000 étrangers.

Ce grand prince ne modifia pas sensiblement les bases des institutions militaires de la Prusse; il s'occupa moins de les changer que de corriger ce qu'elles pouvaient avoir de défectueux. Il prétendait avec raison que la stabilité est le fondement des institutions militaires. Comprenant parfaitement la position défavorable de la Prusse, dénuée de frontières naturelles, il se prépara à l'offensive, et mit tous ses soins à rendre ses troupes aussi mobiles que possible. Il sut le premier mettre en pratique ce grand principe de l'art de la guerre: être le plus fort sur le point décisif. Du reste, il fut puissamment aidé dans ses succès par l'inertie et la division de ses ennemis, qui vinrent se faire écraser les uns après les autres et lui donnèrent toujours le temps de réparer ses désastres.

Frédéric fit de la Prusse un véritable camp où l'on travaillait sans relâche à perfectionner la tactique; il fit

2

de son armée la machine de guerre la mieux organisée de son temps.

A chaque campagne, l'expérience indiquait des changements, des améliorations à effectuer dans certaines parties des manœuvres ou de l'armement. Ces changements se faisaient à la paix, de sorte qu'à chaque ouverture nouvelle de campagne, on pouvait dire des troupes prussiennes qu'elles étaient encore plus aptes à vaincre que dans les campagnes précédentes

Les armées autrichiennes, au contraire, restaient stationnaires ; les perfectionnements ne portaient que sur l'artillerie.

En Russie, on en était à l'enfance de la tactique.

Après la mort du maréchal de Saxe, le cardinal de Fleury laissait tomber l'armée française dans un état indescriptible d'indiscipline, de malaise et d'ignorance.

Dans l'armée prussienne, au contraire, la discipline était très-rude : elle était la chaîne indispensable qui retenait sous les drapeaux un grand nombre d'étrangers de toutes nations qui formaient une portion importante des corps.

Frédéric fut dur pour ses généraux ; il punit même leur malheur ; il fut sévère pour l'officier, mais il poussa la bonté pour le soldat jusqu'à la familiarité et sut faire vibrer en lui le sentiment du devoir et de l'honneur.

En Prusse, il n'y avait pas de grade sans emploi, pas de grade acquis sans services antérieurs. En temps de paix, l'avancement se donnait à l'ancienneté. Les grades d'officiers étaient le partage des sous-officiers gentilshommes. Si un homme du peuple méritait l'avancement, le roi commençait par l'anoblir.

Si l'on met en parallèle cette organisation avec le désordre qui caractérisait l'armée française de cette époque, on est forcé de reconnaître l'immense supériorité de l'armée prussienne.

Sous le rapport de l'armement, la différence était aussi considérable. L'infanterie était armée du fusil à lumière conique; le grand orifice de la lumière était à l'intérieur : avec cette arme il suffisait de bourrer pour que la poudre passât dans la lumière; il était inutile d'amorcer. La baguette était cylindrique; il n'était pas nécessaire de la retourner deux fois pendant la charge, comme on est obligé de le faire avec la baguette tronconique. Ces deux avantages simplifiaient tellement la charge qu'il était possible de tirer six coups par minute. Le fusil devenait tellement brûlant, par ce tir immodéré, que le soldat portait un morceau de cuir le long du bras gauche, afin de garantir ce bras des brûlures.

Sous le rapport tactique, un vieil usage repoussé par Frédéric, mais conforme aux idées de l'époque, voulait que les grenadiers fussent distraits de leur régiment et formassent des bataillons séparés; les cinq compagnies restantes se fractionnaient de manière à présenter huit pelotons par bataillon.

Ainsi le régime tactique n'était pas en rapport avec le régime administratif.

Le bataillon de manœuvre était de deux pelotons de grenadiers et de huit pelotons de fusiliers; il était formé sur trois rangs, bien que le prince de Dessau eût proposé la formation sur deux rangs. Le roi tenait beaucoup à tout ce qui pouvait assurer la supériorité du feu. La rectitude des alignements, la précision du maniement d'armes ne laissaient rien à désirer : on exigeait du soldat une grande immobilité.

Le mode d'action de l'infanterie était le feu, du moins en théorie ; mais sur le champ de bataille, il consistait presque toujours en charges à la baïonnette en ordre déployé. Les lignes d'infanterie se formaient en colonne par le mouvement de par peloton à droite ou à gauche ; les colonnes étaient toujours à distance entière. Les colonnes se reformaient en bataille par une simple conversion des pelotons. L'infanterie prussienne excellait dans les marches en bataille de plusieurs bataillons déployés ; le pas était de soixante-quinze par minute. La formation du carré était assez simple et souvent pratiquée sur le terrain de manœuvre. On ne connaissait pas l'emploi des tirailleurs.

Les régiments de cavalerie comprenaient cinq à dix escadrons composés de deux compagnies de soixante-dix hommes. Cette cavalerie était divisée en cuirassiers, dragons et hussards.

Frédéric réduisit l'ordonnance de la cavalerie à deux rangs, et apporta de grandes modifications à cette arme, dont il fit un élément principal de succès. Il comprit que toute la force de la cavalerie réside dans le choc ; il supprima donc l'usage du feu sans supprimer le mousqueton et le pistolet, qui peuvent dans bien des cas être utiles aux cavaliers, aux avant-postes, par exemple. Il exerça ses troupes à manœuvrer sur tous les terrains ; il eut des manéges et des instructeurs, et grâce à l'immortel Seidlitz il parvint à faire charger soixante escadrons en muraille.

La charge en fourrageurs fut réservée pour la poursuite de l'ennemi vaincu. Bientôt la cavalerie prussienne atteignit une supériorité sans exemple par suite de l'adoption de ces deux vérités fondamentales, bases essentielles de la tactique de la cavalerie :

Prendre toujours l'initiative.
Pousser toujours les charges à fond.

L'artillerie prussienne ne progressa pas comme les autres armes. Les éléments favoris du roi étaient le sabre et la baïonnette. Frédéric, cependant, est le véritable créateur de l'artillerie à cheval.

L'ordre de bataille de l'armée était sur deux lignes, l'infanterie au centre, la cavalerie aux ailes. Les bataillons de la première ligne étaient toujours déployés et séparés par des intervalles de sept à huit pas ; ceux de la seconde ligne également déployés, mais séparés par des intervalles plus ou moins considérables, de manière à présenter un front égal à celui de la première ligne. Quelques bataillons de grenadiers garnissaient l'espace qui séparait les deux lignes ; la cavalerie sur deux lignes aux ailes de l'infanterie ; quelques escadrons de hussards en colonne à distance entière étaient placés en flanqueurs aux extrémités de l'ordre de bataille ; l'artillerie en grosses batteries et en avant de l'infanterie.

Frédéric, dans son Instruction à ses généraux, nous apprend les bases de sa tactique. C'est un excellent livre à lire, mais nous ne nous en occuperons qu'au point de vue de ses marches appelées marches de flanc.

Le roi s'exprime ainsi pour une marche en avant :

« A huit heures, l'avant-garde partira forte de six bataillons de grenadiers, un régiment d'infanterie, dix escadrons de dragons, deux régiments de hussards. Elle marchera quatre lieues et dressera le camp...

Avant-garde.

Campement infanterie. — Gardes infanterie. — Campement cavalerie. Garde. — Régiment d'infanterie. — 2 bataillons grenadiers. — 5 escadrons de dragons. — 3 bataillons de grenadiers. — 5 escadrons de dragons. — 1 bataillon de grenadiers. — Piquet.

« L'armée suivra le lendemain, l'infanterie des deux lignes de l'aile droite formant la deuxième colonne ; l'infanterie des deux lignes de l'aile gauche la troisième colonne ; la cavalerie des deux lignes de l'aile droite la première colonne ; la cavalerie de l'aile gauche la quatrième colonne ; les équipages à la queue ; les têtes de colonne à même hauteur, précédées d'une petite avant-garde.

Armée marchant en avant sur quatre colonnes.

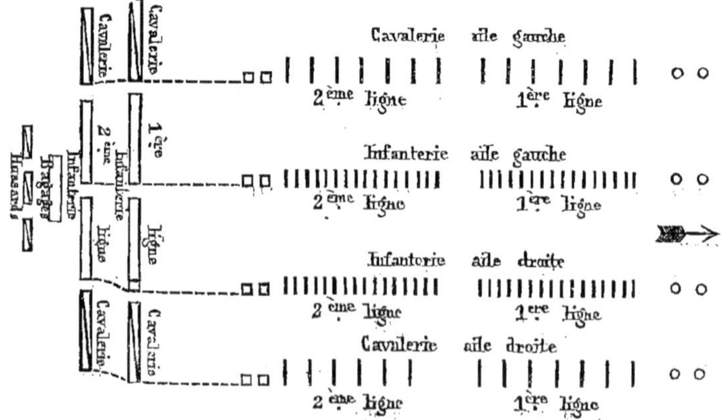

« A proximité de l'ennemi, on marchera sur deux lignes ; si l'ennemi vient à vous, envoyer ses bagages dans un village, et pousser une avant-garde à une demi-lieue en avant.

« *Retraites.* — Un jour ou deux avant de partir, se débarrasser de ses équipagés : on les renvoie sous bonne escorte ; si c'est dans la plaine, la cavalerie forme l'arrière-garde ; si l'on doit franchir des défilés, les faire occuper la veille par de l'infanterie.

Armée marchant sur quatre colonnes se formant en bataille sur sa tête par un changement de direction à droite.

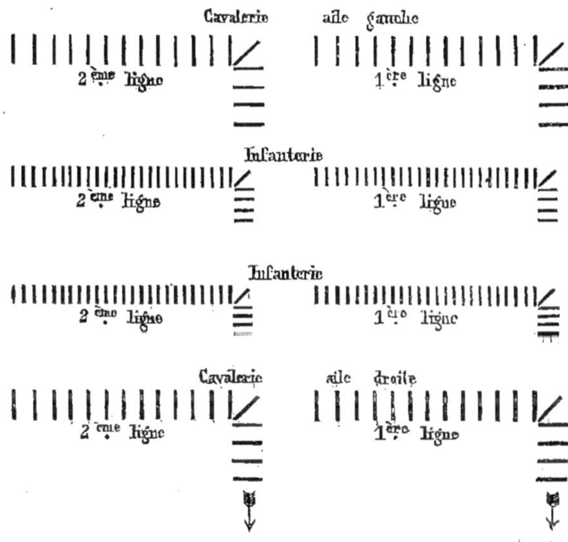

« Armée marchant en avant sur quatre colonnes, par la droite, et se formant en bataille sur la tête de ses colonnes. — Les bataillons marchent à distance entière par peloton, la cavalerie en colonne par pelotons ou escadrons. Pour reformer la ligne, tandis que l'avant-garde occupe l'ennemi et que le roi a été reconnaître le terrain, les colonnes font tête de colonne à droite si la droite est en tête, ou à gauche si la gauche est en tête, et se prolongent en marchant sur deux longues colonnes parallèles, cherchant à prendre obliquement en flanc une des ailes de l'ennemi ; au signal donné pour se former en bataille, les deux colonnes s'arrêtent et se forment à gauche ou à droite en bataille.

« Dans la marche en retraite, le mécanisme est le même : seulement, les bataillons ou escadrons de la deuxième ligne entrent les premiers dans les colonnes.

« La marche en avant à proximité de l'ennemi se fait habituellement sur deux colonnes ; toute la première ligne faisant la première colonne ; la deuxième ligne la deuxième colonne ; on se prolonge ainsi en longue colonne par peloton à distance entière le long de la position occupée par l'armée ennemie. »

Le roi emploie l'ordre en échiquier pour l'attaque des retranchements, mais en faisant plusieurs attaques sur des points différents, afin de partager l'attention de l'ennemi.

Frédéric termine par des considérations sur l'attaque, et s'étend sur les avantages de l'ordre oblique.

Napoléon examine aussi cette question si célèbre et si controversée ; mais nous ne donnerons pas ici l'opinion de l'Empereur, nous réservant de la citer dans le chapitre suivant.

Nous venons de décrire les marches de Frédéric ; nous allons maintenant examiner les procédés tactiques de l'armée prussienne sur le champ de bataille, et nous choisirons dans ce but trois batailles.

Nous ne prendrons pas la bataille de Leuthen, parce

que là du moins la marche de flanc de l'armée avait une chance de réussir, puisqu'elle se faisait hors de la vue de l'ennemi.

Nous examinerons les batailles de Prague, de Kollin et de Rosbach.

La première ne présente rien de remarquable et fut gagnée par Frédéric ; mais les deux autres donneront un excellent exemple du danger des marches de flanc, et c'est à ce titre que nous les choisissons.

CHAPITRE III.

Application de la tactique prussienne sur le champ de bataille.

Bataille de Prague (6 mai 1757).

Les quatre colonnes avec lesquelles Frédéric était entré en Bohême venaient d'effectuer leur jonction aux environs de Prague, où se trouvait toute l'armée autrichienne.

Pendant la nuit qui précéda la bataille, cette armée occupait, à l'est de la ville, une position qui fut changée lorsqu'il fut évident que le roi avait l'intention de tourner l'aile droite autrichienne.

Frédéric se décide à tourner la position des Autrichiens par la droite, considérant la gauche comme inattaquable. Pour arriver à ce but, il dut passer l'Elbe afin de se réunir au détachement qui lui venait de Silésie ; et s'il eût été battu, il eût dû changer sa ligne d'opérations.

Une reconnaissance mal faite entre Sterbohal et Hostawitz fit que l'on s'aperçut trop tard de la nature marécageuse des prairies qui se trouvent de ce côté. Comme ce terrain paraissait propre à la cavalerie, le roi se décida pour l'attaque de l'aile droite, plutôt que d'attaquer la hauteur rocailleuse d'Haupiétin, qui paraissait trop difficile à emporter. Les Autrichiens, au lieu de manœuvrer, refusent leur aile droite et forment un crochet.

Les Prussiens, marchant par ligne et par la gauche, traversèrent le village de Potschernitz, et se formèrent à droite en bataille ; la cavalerie, après un détour de deux lieues, vint s'établir à l'aile gauche en face de la masse principale de la cavalerie autrichienne, qu'elle attaqua aussitôt.

Cinq escadrons, commandés par le célèbre colonel Warnery, tournèrent un étang auquel s'appuyaient les Autrichiens, et vinrent fondre sur leur flanc droit, pen-

---

Bataille de Prague.

AUTRICHIENS.

A 15 bataillons et 17 compagnies de grenadiers, 3 régiments de cavalerie.

B Le reste de l'infanterie (4 divisions). — Ces troupes ne suffisant pas pour occuper une si grande étendue, on a improvisé un corps de 22 compagnies de grenadiers sous le colonel Guasco C à l'aile droite.

D Gros de la cavalerie, 90 escadrons.

E 4 bataillons de frontières sur la saillie rocailleuse derrière Haupiétin.

Force de l'armée.

61,000 hommes, dont 12,500 cavaliers.

178 bouches à feu dont 118 de 3 réparties entre les 59 bataillons de l'armée; les 60 autres, canons de 6.12 et obusiers de 7 livres en batteries de 10 à 12 pièces: n° 1, n° 2, n° 3, n° 4, n° 5. Ces dernières pièces étaient en réserve, et lorsqu'à 9 heures la direction de l'attaque des Prussiens fut bien prononcée, elles arrivèrent au galop.

PRUSSIENS.

L'armée du roi compte 46,000 fantassins et 18,000 cavaliers, 192 bouches à feu, dont 132 pour les 66 bataillons et une réserve de 60 divisées en 4 batteries :

N° 1, de 20 à 24 bouches à feu.

N° 2, de 16 pièces.

N° 3, de 8 pièces.

N° 4, de 12 pièces.

dant que le reste des escadrons prussiens chargeaient de front.

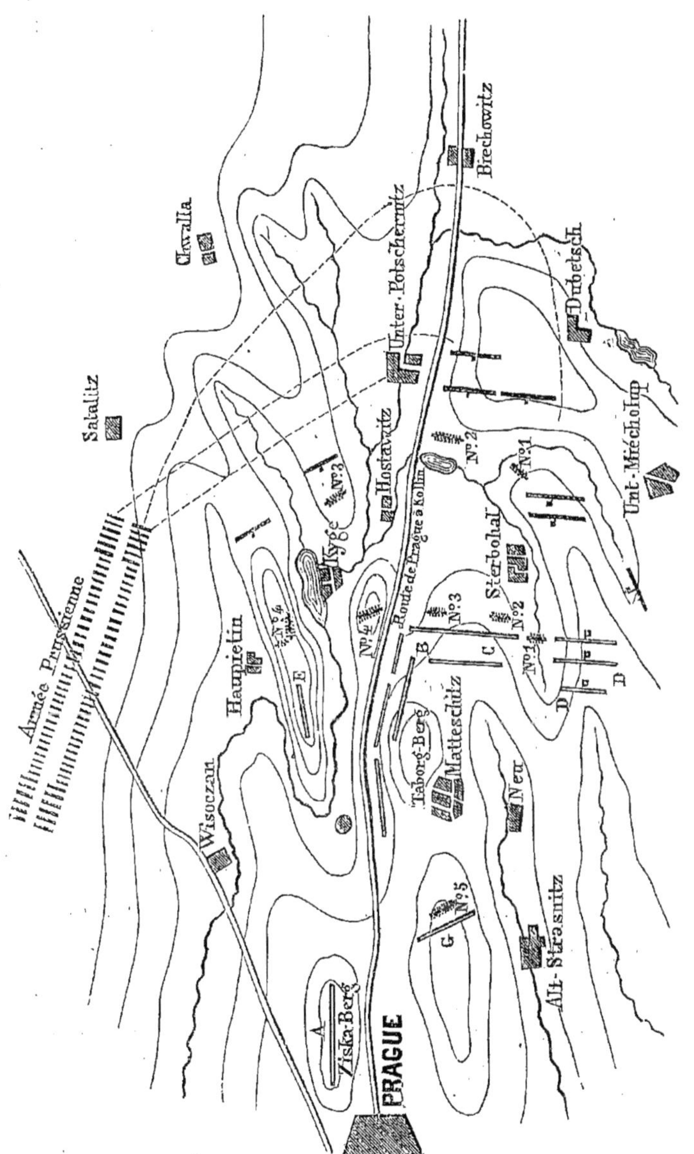

La déroute de la cavalerie autrichienne fut si complète qu'elle ne reparut plus sur le champ de bataille. Pour la cavalerie prussienne, enivrée de son triomphe elle se mit à piller le camp ennemi, et il fut impossible d'en tirer aucun parti pendant tout le reste de la journée.

Le maréchal de Schwérin, avec les huit bataillons prussiens de l'aile gauche de la première ligne, marche droit aux grenadiers de Guasco; mais dans ce mouvement, on perdit un temps considérable à cause de la nature du terrain; les pelotons se désunirent en traversant le marais sur des digues et autres défilés étroits; enfin on finit par se reformer, mais l'artillerie prussienne, qui n'avait pas pu suivre, ne put protéger cette formation et préparer l'attaque. Schwérin fut accueilli par le feu des batteries autrichiennes du centre et de l'aile gauche; le terrain sur ce point s'abaisse en glacis vers le ruisseau que les Prussiens venaient de traverser, et l'artillerie autrichienne produisit un effet terrible sur leurs lignes déployées. Les Prussiens ne pouvaient répondre à ce feu, leurs canons étant restés embourbés dans le ruisseau. Schwérin est blessé mortellement, et ses bataillons, presque détruits, se mettent en retraite, poursuivis par les grenadiers de Guasco, bientôt arrêtés par le feu de l'artillerie prussienne qui venait enfin de se dégager.

La marche des huit bataillons déployés de Schwérin fut très-belle, mais ne produisit aucun résultat, n'ayant pas été préparée ni soutenue.

Le centre de l'armée prussienne éprouvait en ce moment de grandes pertes par suite du feu bien dirigé des batteries de gauche de la ligne autrichienne; mais le roi ayant fait enlever la hauteur rocailleuse de Haupiétin, y fit établir une forte batterie qui enfilait le centre et la droite autrichiennne. Le feu de cette batterie, la déroute de la cavalerie rendaient décisive la marche en avant de toute l'infanterie prussienne, marchant sur deux lignes déployées et tout d'une pièce.

L'armée autrichienne se retira sous la protection de la division Clérici et de la batterie n° 5.

L'ordre en potence, adopté par les Autrichiens pour résister au mouvement tournant de l'armée du roi est défavorable : les bataillons qui sont à l'angle peuvent être enfilés ; de plus, si l'on est battu, comment se retirer sans se mêler ? Lorsque la hauteur d'Haupiétin eut été enlevée et que l'artillerie prussienne s'y fut établie, les deux lignes de l'armée autrichienne furent enfilées par la batterie n° 4 et la batterie n° 2 ; les troupes de l'angle ne pouvaient tenir sous ce double feu.

La bataille de Wagram présente un exemple semblable.

Nous venons de voir une marche de flanc réussir, et Frédéric gagner la bataille.

Nous allons examiner maintenant la bataille de Kollin, et nous verrons combien le moindre dérangement dans l'ensemble de l'ordre de marche pouvait causer d'embarras et même entraîner la perte de la bataille.

Bataille de Kollin (18 juin 1757).

Pendant que Frédéric assiégeait Prague, une seconde armée autrichienne, sous les ordres du maréchal Daun, venait prendre position à proximité, sur un terrain parsemé de collines peu élevées dont elle occupait les crêtes : le roi résolut de marcher à l'ennemi.

L'armée prussienne, forte de dix-huit mille fantassins et seize mille cavaliers, défile à gauche de la chaussée de Planian, ayant en tête la majeure partie de la cavalerie. L'intention du roi était de marcher jusqu'à Kamaïck, de se former alors à droite en bataille, puis d'attaquer par échelons par la gauche la droite ennemie, et de la refouler sur le centre. L'armée prussienne comptait 102 bouches à feu dont 64 de bataillon.

Bataille de Kollin.

AUTRICHIENS.	PRUSSIENS.
Armée autrichienne, 53,790 hommes, dont 18,630 cavaliers. A Général Vied (12 bataillons, 13 escadrons), tenant le petit bois occupé par des Croates; il est soutenu par 11 escadrons saxons et 1,000 chevaux allemands. B Le général Daun, 18 bataillons; Serbelloni, 39 escadrons. C Cavalerie de Stampach, 36 escadrons. D Division Colloredo, 17 bataillons, 15 escadrons. E Réserve de cavalerie Nadasty, 49 escadrons, était, dans le principe, à cheval sur la chaussée de Kollin. Dès la première charge, vient en E. Il n'existait pas, à proprement parler, de réserve. Les villages de Chodzemitz et de Brezau occupés par des troupes légères. 162 bouches à feu, dont 80 de 3, réparties dans les 42 bataillons. Réserve de 78 bouches à feu ainsi réparties : batterie n° 1, 18 bouches à feu ; batterie n° 2, 36 bouches à feu ; batterie n° 3, 12 bouches à feu; batterie n° 4, 2 bouches à feu. Le petit bois fut d'abord occupé par des Croates avec des pièces d'une livre, et plus tard par 4 bataillons avec 8 pièces de 3; le village de Krzeczoz était occupé par 4 bataillons.	18,000 fantassins, 16,000 cavaliers. Elle défile sur la chaussée de Planian à Kollin, ayant en tête la majeure partie de la cavalerie sous Ziétten. L'intention du roi est de marcher jusqu'à Kamaïck, de faire une conversion à droite, de se former en échelons par la gauche, d'attaquer la droite de l'ennemi et de le rejeter jusque vers Przebos. 102 bouches à feu : 64 auprès des 32 bataillons et 38 à la réserve.

La cavalerie prussienne (Ziethen) culbute celle de

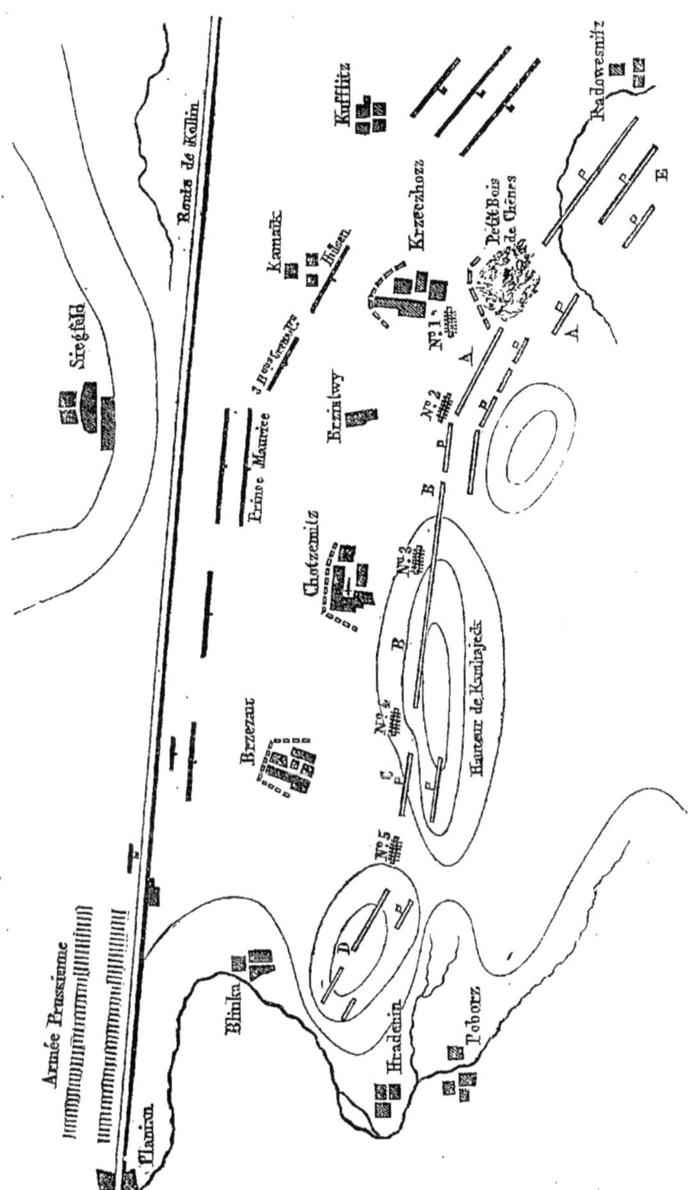

Nadasti ; elle la poursuit vivement ; mais, accablée par le

feu des Croates placés dans un petit bois derrière Krzeczhozz, elle fut obligée de rétrograder. Après plusieurs autres charges qui eurent le même résultat, les deux cavaleries restèrent en présence l'une de l'autre sans renouveler le combat.

Le roi, qui ne connaissait pas bien le terrain et ignorait l'existence du petit bois, ordonne au général Hulsen, avec l'avant-garde (7 bataillons), de s'emparer de Krzeczhozz. Les abords de la position autrichienne étaient garnis de tirailleurs cachés dans les blés, qui gênaient par leur feu le défilé des colonnes de l'armée prussienne. Le prince Maurice, fatigué de ce tiraillement auquel il ne pouvait répondre, l'armée prussienne ne connaissant pas l'emploi des tirailleurs, fit faire à droite en bataille au 2e bataillon de Bornstedt. Les bataillons qui suivaient, croyant le moment venu de se former en bataille, exécutèrent le même mouvement. Les bataillons placés en tête continuèrent leur marche en avant; mais s'étant aperçus du mouvement de l'aile droite, ils se formèrent également en bataille. Il y eut donc du décousu dans la ligne, d'autant plus qu'en chassant les Croates, plusieurs bataillons appuyèrent à gauche; il fallut, pour combler ces lacunes, prendre dans les deux autres lignes de l'infanterie et quatre régiments de cuirassiers.

Les tronçons de la ligne s'avancèrent à l'attaque, les bataillons déployés sans être précédés de tirailleurs.

Le premier échelon (Hulsen) s'était mis en marche; il emporte le village de Krzeczhozz malgré le feu de la batterie n° 1; mais il fallait enlever la batterie ou se retirer. Hulsen, marche en avant, enlève la batterie qui est reprise immédiatement, et l'attaque des Prussiens est paralysée par le feu des troupes qui occupaient le petit bois. Ce bouquet d'arbres, pendant cette journée, joue le rôle d'une véritable redoute, paralysant chaque fois les attaques de la cavalerie prussienne et tenant son infanterie en échec.

Le deuxième échelon (prince Maurice) avait une distance de 2,500 pas à parcourir sous le feu de l'ennemi, et malgré le courage des troupes prussiennes, il ne put rien faire pour soutenir Hulsen. La journée se passe en attaques à la baïonnette, en charges de cavalerie, qui échouent devant le feu des Autrichiens.

Pendant ce temps, les troisième et quatrième échelons attaquaient les villages de Chotzemitz et de Brzezau. Le troisième se rend maître de Chotzemitz, mais il ne peut déboucher sous le feu de l'artillerie autrichienne. Cependant Hulsen avait fini par enlever le petit bois en partie ; il aurait peut-être rétabli les affaires lorsque les chevau-légers saxons, formés en colonne par escadrons, chargent sur la gauche du régiment de Salm l'infanterie épuisée; ils sont suivis par deux régiments saxons et les mille chevaux allemands. Ces derniers attaquent de front, et les Saxons tombent sur le flanc de l'infanterie et la dispersent. Seidlitz essaie de dégager l'infanterie; mais il est culbuté, et l'armée entière fuit en désordre, à l'exception du quatrième échelon qui, ayant peu souffert, protége la retraite.

Ainsi, un simple malentendu dans la marche de la colonne fit perdre la bataille ; de plus, les attaques du général Hulsen, du prince Maurice et de la cavalerie ne furent pas préparées. L'artillerie ne fit rien pour assurer le succès des attaques.

Opinion de Napoléon sur les marches de flanc.

« Le roi se mit en marche sur la corde d'une demi-circonférence formée par des hauteurs que couronnait l'armée autrichienne; ce qu'il ne pouvait faire qu'en défilant sous la fusillade et la mitraille. Le général Nadasty, commandant la cavalerie autrichienne, se porta aussitôt à deux mille toises de Kollin, l'obligeant à rester sous le feu des Autrichiens, par suite de la position qu'il avait fait prendre à cette cavalerie à cheval sur la route. Daun ordonna à toutes ses troupes d'avancer jusqu'à l'extrémité de la position, et fit tomber sur les colonnes prussiennes en marche une grêle de boulets et d'obus. Les tirailleurs postés dans les villages se portèrent en avant; la fusillade s'engagea entre les Croates et l'armée prussienne, qui voulait toujours continuer son mouvement. C'est une opération téméraire, et contraire aux principes de la guerre : ne faites pas de marche de flanc devant une armée en position, surtout lorsqu'elle occupe des hauteurs au pied desquelles vous devez défiler.

« Des écrivains prussiens ont dit que cette manœuvre n'a manqué que par l'impatience d'un chef de bataillon, qui, fatigué du feu des tirailleurs autrichiens, avait commandé à droite en bataille et engagé ainsi toute la colonne. Ceci est inexact : le roi était présent, tous les généraux connaissaient ses projets, et de la tête à la queue de la colonne il n'y avait pas trois mille toises. Le mouvement qu'a fait l'armée prussienne lui était commandé par le premier de ses intérêts : la nécessité de son salut et l'instinct de tout homme de ne pas se laisser tuer sans se défendre. » (*Mémoires de Napoléon.*)

Nous venons de voir l'armée prussienne battue parce que l'armée ennemie n'était pas restée tout à fait immobile pendant le défilé des troupes de Frédéric.

Il nous reste à raconter le désastre de l'armée française pour avoir voulu imiter Frédéric, pour avoir, en un mot, exécuté une marche de flanc en présence d'une armée aussi manœuvrière que l'armée prussienne.

Bataille de Rosbach.

Le roi était campé entre Rosbach et Bedra. Les alliés résolurent d'attaquer la gauche de cette armée, le centre leur paraissant trop fortement appuyé. Le comte de Saint-Germain fut chargé d'amuser le roi pendant que l'armée, marchant sur trois colonnes, faisait un long détour pour aller attaquer la gauche des Prussiens. A onze heures, les trois colonnes se mettent en marche ; vers deux heures, le roi, voyant l'ennemi le déborder, fait mettre sa cavalerie en marche derrière le Janus-Hügel par divisions la gauche en tête à distance entière ; l'infanterie, la gauche en tête également, suivit à la hâte le mouvement de la cavalerie pour faire face aux alliés et prendre position avant eux sur le Janus-Hügel. Les alliés, s'imaginant que le roi se retirait, lancent en avant leur cavalerie, laissant l'infanterie fort en arrière.

En débouchant par Reichertswerben, ils rencontrent la

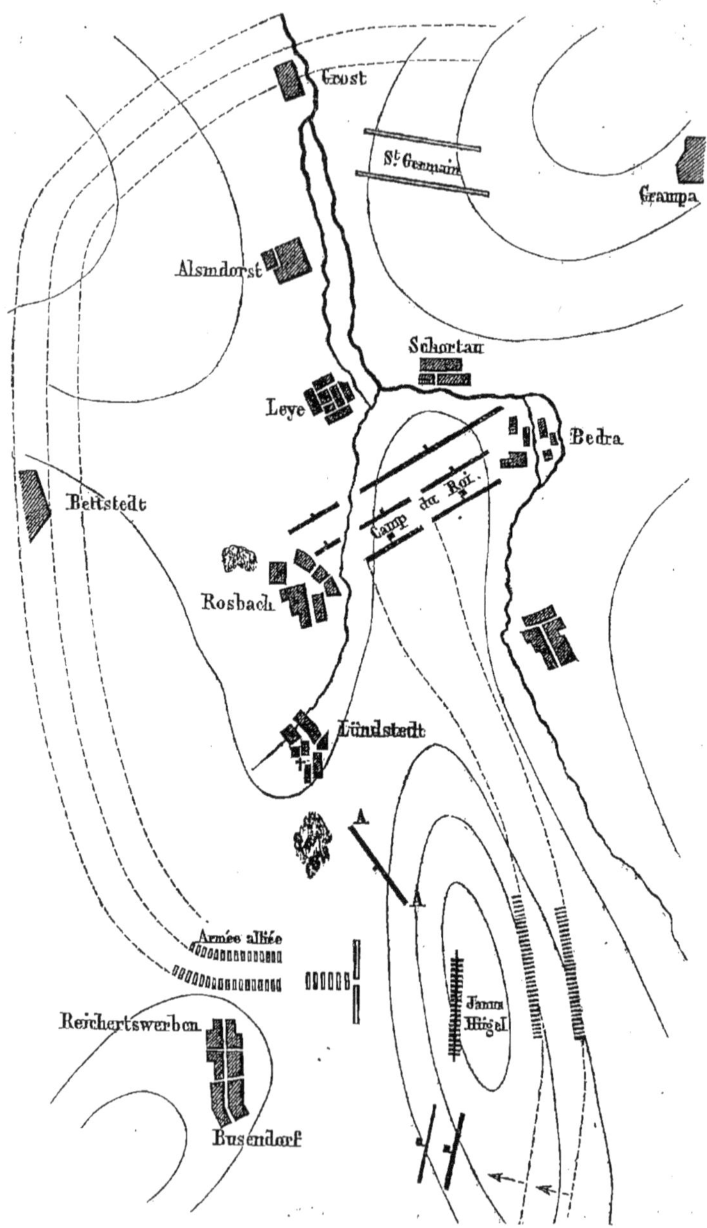

cavalerie prussienne derrière le village et présument

qu'elle couvre la retraite : aussi restent-ils en colonne. Seidlitz, cependant, s'était formé à droite en bataille. sur deux lignes, et avait placé son artillerie sur le Janus-Hügel. Cette artillerie couvre de mitraille la cavalerie alliée, que Seidlitz charge et rejette sur Busendorf. Deux régiments de cavalerie seulement purent avoir le temps de se former en avant en bataille, mais ils durent se retirer en désordre.

Pendant ce temps, six bataillons prussiens s'avançaient et se formaient à droite en bataille, AA. Soubise fait avancer cinq régiments de cavalerie de réserve pour couvrir le déploiement de l'infanterie ; ils sont renversés. A mesure que la tête de colonne essaie de se former, elle est renversée sur le centre, et les bataillons ou escadrons de la tête sont culbutés les uns sur les autres, tandis que le reste des colonnes ne peut se déployer. Toute l'armée s'enfuit honteusement, couverte par la division de Saint-Germain. Ainsi la charge de Seidlitz, le feu de son artillerie et des six bataillons prussiens, suffirent pour dissiper cette formidable attaque qui devait détruire l'armée du roi, en renversant la gauche sur son centre.

Cet exemple nous montre ce que valent ces fameuses manœuvres dans l'ordre oblique. Le roi, au lieu de rester immobile comme les Autrichiens, suit le mouvement de ses ennemis, et comme il a moins de chemin à parcourir, il peut toujours les prévenir ; puis, au moment donné, il leur barre le passage, les couvre de mitraille et les renverse les uns sur les autres. L'armée alliée, surprise, ne put faire tête de colonne à droite ; elle devait se former en avant ; mais comment le pouvait-elle étant à distance entière ?

Il était difficile de revenir d'une surprise aussi complète et de sortir de cette tempête de cavaliers fuyant et poursuivant.

La bataille de Rosbach démontre combien était mauvais le système linéaire et l'ordre de marche du roi de Prusse. Ce système ne pouvait se soutenir que par la supériorité tactique des Prussiens, qui manœuvraient tandis que leurs adversaires ne savaient pas se mouvoir. Du reste nous le verrons, en 1806, écrasé sans retour par la supériorité tactique du système français.

CHAPITRE IV.

Ménil-Durand. — Système français ou perpendiculaire.

Au moment où Louis XVI monte sur le trône, l'armée prussienne sert de modèle aux armées de l'Europe. Ministres et généraux cherchent dans les plus futiles détails le secret des succès de Frédéric. Guibert fait école et préconise l'ordre mince et les feux.

Heureusement pour la France, Ménil-Durand, disciple ardent de Folard, ressuscitait la colonne et l'ordre profond, auquel il donnait le nom de système français ou perpendiculaire.

Ce système est tellement remarquable, que nous croyons devoir en parler en détail, surtout en ce qui concerne les mouvements de ligne.

Ménil-Durand, en fouillant les débris de tous les systèmes militaires, trouva la colonne de Folard : ce diamant brut était méconnu et rejeté, il s'en empara et le mit en œuvre.

Nous ne parlerons pas de sa plésion, dont la formation s'éloigne trop de notre ordonnance, et qu'il fut obligé de sacrifier lui-même aux observations de ses propres partisans.

Vers 1774, Ménil-Durand présente un système de plésions approprié aux bataillons. Il propose la colonne double serrée en masse comme ordre primitif et habituel, et le déploiement central, aussi bien pour les colonnes de bataillon que pour les colonnes de division d'armée.

Le bataillon est composé de huit pelotons de bataille et de deux pelotons sur les ailes en arrière de la ligne de bataille. Ces derniers doivent fournir les tirailleurs.

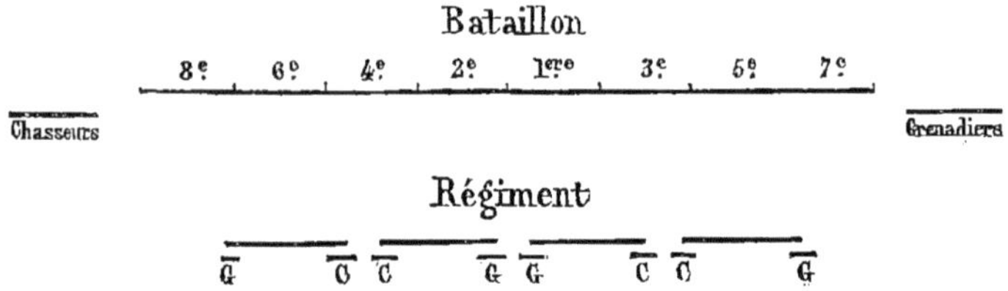

Bataillon

8e 6e 4e 2e 1re 3e 5e 7e

Chasseurs Grenadiers

Régiment

G C C G G C C G

Pour marcher en avant. Les compagnies 1 et 2 se portent en avant, puis 3 et 4 viennent se ranger derrière et ainsi de suite. Les grenadiers et chasseurs se placent en tête de la colonne ; chaque bataillon,

Bataillon en colonne.

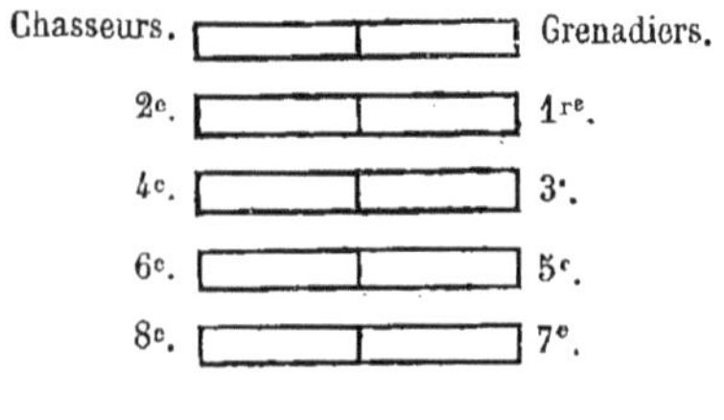

Chasseurs. Grenadiers.

2e. 1re.

4e. 3e.

6e. 5e.

8e. 7e.

Colonne de quatre bataillons.

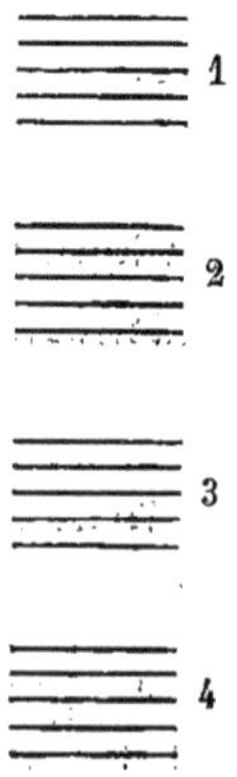

1

2

3

4

formé en colonne serrée sur le centre, se porte par le chemin le plus court dans la colonne générale.

La colonne d'attaque est formée d'un seul bataillon. La colonne de retraite se forme d'après les moyens inverses. Les compagnies y entrent par la droite et par la gauche, d'abord 7 et 8, puis 5 et 6, et ainsi de suite. Les carrés ne sont jamais formés de plus d'un bataillon; une ligne de bataillons forme les carrés obliques par un simple déboîtement de la ligne de bataille.

Lorsque plusieurs bataillons manœuvrent ensemble, ils forment une ligne de bataillons en colonne à intervalle de déploiement couverts par une nuée de chasseurs et de grenadiers dispersés en tirailleurs. Tel est l'ordre pour le choc. Lorsqu'il faut agir par le feu, les colonnes déploient. Les tirailleurs couvrent le déploiement, et démasquent le front du bataillon à mesure que chaque compagnie entre en ligne et commence le feu.

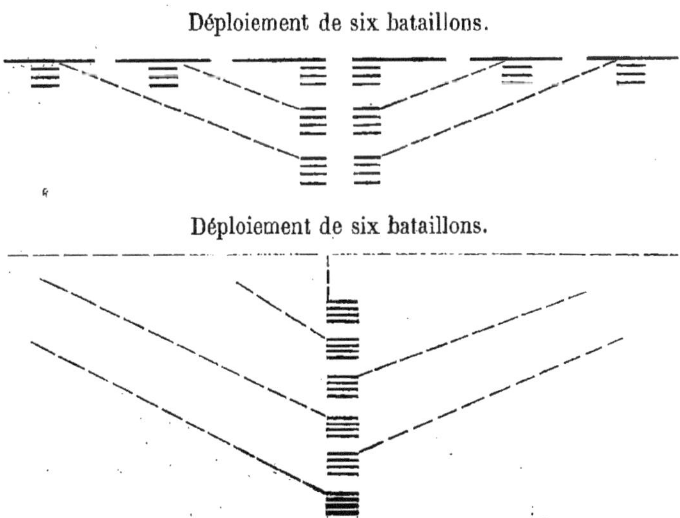

Déploiement de six bataillons.

Déploiement de six bataillons.

Si le bataillon n'a pas son intervalle au moment où

il déploie, il exécute son mouvement sur un peloton quelconque : ce sont nos déploiements de la colonne double.

Le choc valant mieux que le feu, l'ordre favori de Ménil-Durand est la colonne.

« Les colonnes, dit-il, rassemblent de grandes forces dans une petite étendue, peuvent seules, au moyen de la petitesse de leur front et de la grandeur relative de leurs intervalles, conserver l'aisance nécessaire pour la liberté des mouvements, pour le passage des colonnes de cavalerie qui les soutiennent, pour le service d'une nombreuse artillerie ; mais ces colonnes doivent être liées les unes aux autres par des chaînes épaisses de tirailleurs. »

Ce qui fait surtout la partie remarquable du système, c'est que ces tirailleurs ne font pas partie de l'ordre de bataille.

Il donne enfin plusieurs ordres de bataille. On y trouve pour la première fois des bataillons déployés, encadrés par des bataillons en colonne, origine de l'ordre demi-plein si souvent employé depuis.

Ordre demi-plein.

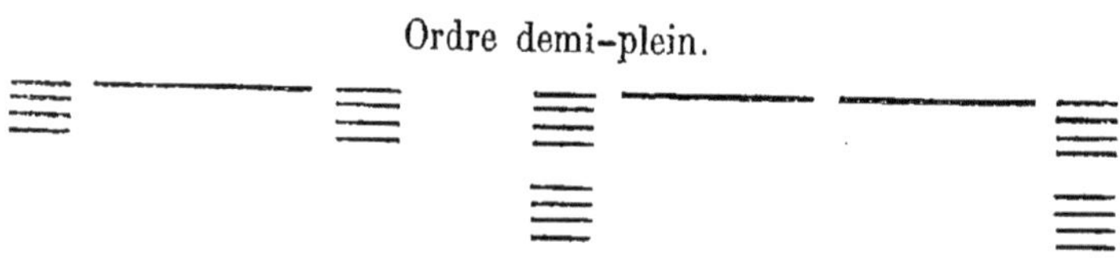

Cependant Ménil-Durand n'admet ces formations que comme une concession faite aux idées de l'époque. Pour les manœuvres, rien n'est plus simple que les mouvements de ces lignes de bataillons en colonne. C'est avec justesse qu'il oppose la solidité de cette formation et la rapidité de ces manœuvres par petites masses à celles de ces longs rubans qui serpentent et s'effilent, faisant allusion aux manœuvres de l'ordre linéaire ou prussien.

Guibert, admirateur de la tactique prussienne, combat le système de Ménil-Durand ; mais ce dernier ne se décourage pas ; avec cette force et cette persistance que donnent les convictions profondes, il remet ses idées en lumière, perfectionne ses procédés, et finit enfin par modifier d'une façon sensible la manière de voir des militaires éclairés de l'époque.

« L'infanterie, dit-il, a deux armes pour combattre, et doit avoir deux ordonnances: l'ordre déployé est le meilleur pour le feu, l'ordre en colonne pour manœuvrer et attaquer l'ennemi.

« Dans tous les cas, sans exception, il faut employer l'ordre le plus avantageux pour le moment. »

Suivant lui, l'ordre primitif doit être l'ordre en ligne de bataillons en colonne. Dans cet ordre aucune manœuvre n'est dangereuse.

L'ordre mince, par sa tendance naturelle à faire son métier, détermine l'infanterie à s'arrêter, à brûler de la poudre. L'ordre en colonne a pour tendance de marcher en avant.

L'ordre déployé sur deux lignes est faible partout, principalement sur les flancs, incapable de la moindre manœuvre. La cavalerie et l'infanterie ne s'y soutiennent pas.

Dans l'ordre français, au contraire, chaque bataillon est en colonne; les grenadiers et chasseurs dans les intervalles des bataillons qui forment une ligne de colonnes. La cavalerie placée en arrière peut charger facilement. Cet ordre est fort dans toutes ses parties : il menace la ligne ennemie par le feu de ses tirailleurs, la charge des colonnes, l'appui de la cavalerie.

Une armée ainsi en bataille marche et manœuvre avec la plus grande aisance et la plus grande rapidité. On n'a nul besoin de ces éternels alignements dont l'ordre déployé ne peut se passer. Lorsque les bataillons sont placés sur deux lignes, ceux de la deuxième sont vis-à-vis le milieu des intervalles de la première ligne.

Tout en faisant la part des imperfections qui se trouvaient dans le détail des manœuvres des plésions, il faut reconnaître que Ménil-Durand ramena à des manœuvres centrales toutes les formations d'ordre de marche et de bataille, tous les rassemblements et les changements de formation. Il imagina, le premier, de placer l'armée sur une ou deux lignes de bataillons en colonne à intervalles de déploiement. Le premier enfin il comprit et réglementa l'emploi des tirailleurs.

Petites masses de bataillon couvertes par des nuées de tirailleurs, oubli des formes pédantes de la tactique linéaire, telles furent les bases de son système. C'est, en un mot, toute la tactique des armées de la République et de l'Empire, la tactique adoptée de nos jours dans toutes les armées de l'Europe comme manœuvre de ligne ; c'est l'éternel honneur de Ménil-Durand.

Dans son ultimatum de manœuvres, cet homme célèbre propose un ordre en colonne par compagnie, ordre employé dans plusieurs circonstances, et adopté en Prusse et en Suède depuis 20 ans, comme le principe fécond des manœuvres de l'avenir pour l'infanterie.

Ménil-Durand finit par convertir ses adversaires. Guibert lui-même est obligé de convenir que les colonnes valent mieux pour manœuvrer et remuer une armée que les lignes déployées.

Telles furent les discussions, les essais, les travaux de cette période remarquable au point de vue de la tactique de l'infanterie.

Ces idées firent une véritable révolution et furent le point de départ d'une tactique appropriée au caractère national, l'origine de la tactique française.

Elles avaient pris une telle prépondérance dans les esprits, que les partisans les plus acharnés de l'ordre mince durent compter avec elles. Elles inspirèrent les auteurs de l'ordonnance de 1776 et 1791, et bien qu'à peine acceptées par ces ordonnances, elles passèrent dans le domaine des choses vraies qui doivent triompher tôt ou tard. Les esprits en étaient profondément pénétrés lorsque éclata la guerre de la Révolution. (Général RENARD.)

Le maréchal de Broglie était partisan déclaré de l'ordre français ou perpendiculaire. Napoléon reçut à l'école militaire ces principes tactiques comme les meilleurs et les seuls à employer; nous verrons comment il les mit en pratique la première fois qu'il fut maître de le faire, en 1796.

CHAPITRE V.

Application, sous la République, de la tactique française ou perpendiculaire.

Les débuts des armées françaises, au commencement de la Révolution, furent pénibles. Elles avaient à lutter contre des troupes aguerries et manœuvrières qui suivaient toujours les principes de tactique du grand Frédéric.

Les Prussiens, les Autrichiens, les Anglais possédaient des troupes solides et parfaitement disciplinées.

« Aussi, dit le maréchal Gouvion-Saint-Cyr, eût-il été « de la dernière imprudence, au commencement de « 1793, d'engager les armées de la République dans ce « qu'on appelle une bataille rangée, à moins d'avoir, « comme à Jemmapes, une grande supériorité numé- « rique. Ce que l'on peut appeler la grande guerre, « celle des pays ouverts, leur était interdite. »

Mais les armées s'illustraient dans les affaires de détail. Les généraux prenaient l'habitude de remuer les troupes et de donner aux opérations une direction hardie et sage. Obligés de combattre avec des troupes jeunes et enthousiastes, ils emploient les principes de

Ménil-Durand ; la colonne de bataillon devient une unité tactique, les tirailleurs sont lancés en grande bande soutenus par les colonnes de bataillon.

Marceau, au combat d'Ayvailles, forme sa division sur deux lignes de bataillons en colonnes d'attaque à intervalles de déploiement.

On est cependant frappé d'une grande lassitude morale en étudiant les batailles, les combats innombrables du commencement de la République. Ce ne sont plus les batailles du temps passé, ce ne sont pas encore les marches foudroyantes de l'Empire.

Par une bizarrerie assez singulière, au moment où l'on adoptait en tactique l'ordre profond, on tombait dans la formation des divisions en bataille dans l'ordre mince. L'armée se plaçait ordinairement sur une ligne le long d'un front d'opérations quelconque ; chaque division combattait pour son propre compte, dans la position où elle se trouvait. Il arrivait rarement qu'il y eût une deuxième ligne ou une réserve proportionnée à la force de l'armée, réserve dont le général en chef pût disposer pour parer aux événements imprévus. Le résultat inévitable de ce système était une retraite forcée à la moindre trouée faite par l'ennemi, car le général en chef n'avait rien sous la main pour réparer l'échec ; il fallait se retirer ou courir le risque de voir les communications interceptées et les divisions battues séparément.

Une manœuvre hardie, exécutée par une division, pouvait bien réparer quelquefois les affaires, mais c'était toujours une opération hasardeuse qui avait peu de chance de réussir.

Il était donné au général Bonaparte d'appliquer de main de maître le système français ou perpendiculaire et de fixer les principes tactiques qui doivent diriger les troupes sur le champ de bataille.

L'armée d'Italie s'épuisait depuis cinq ans en stériles efforts sur les rochers des Alpes, lorsque Napoléon vint en prendre le commandement. Bien que dénuée de tout, manquant de discipline, cette armée était pleine d'enthousiasme et admirablement préparée à exécuter les grandes conceptions de son général. Bonaparte, secondé par des hommes tels que Masséna, Lannes, Augereau, etc., fit passer au cœur de ses troupes la flamme qui le dévorait. La guerre change de face, la stratégie devient audacieuse, sublime de conception, de sagesse et de vigueur; la tactique devient savante, pleine d'inspirations.

Les troupes adoptent l'ordre demi-déployé, demi-profond, qui réunit les avantages des deux tactiques opposées, et marchent à l'attaque en masses solides couvertes par des tirailleurs. Plus de formations processionnelles, plus de manœuvres d'exercice.

« Les manœuvres de l'armée, dit le général Duhesme, étaient simples. Peu ou point de déploiements; les brigades de ligne, serrées en masse sur trois ou six bataillons de hauteur, heurtaient l'ennemi de front comme le bélier, tandis que l'infanterie légère gagnait les flancs, couronnait les hauteurs, portait par ses tirailleurs le trouble et la confusion sur les derrières de l'ennemi, gênait et souvent même empêchait toute retraite. Nous qui combattions sur le Rhin, dont les divisions allaient marchant méthodiquement d'une position à une autre, abordés ou abordant l'ennemi sur un front très-étendu et presque parallèle, repoussés ou repoussant avec une perte souvent moindre de cinq à six cents hommes, et regardant comme de grands trophées quatre à cinq mille prisonniers, nous ne pouvions concevoir comment l'armée d'Italie pouvait faire ces masses énormes de prisonniers de guerre, parce que loin du théâtre de ces brillantes opérations, occupés nous-mêmes à combattre, nous n'avions pas le temps d'étudier et d'approfondir le sublime de cette guerre de mouvements que Bonaparte venait d'y créer. »

Bonaparte trouva de puissants auxiliaires dans l'audace et l'intelligence de ses soldats. A Montenotte, Baulieu va forcer le centre dégarni de l'armée française, mais Rampon et les braves qui l'entourent ont juré de mourir dans l'unique redoute qui arrête les Autrichiens.

Plus tard, lors de la levée du siége de Mantoue, Bonaparte, menacé par l'arrivée d'une armée ennemie sur ses derrières, prend une vigoureuse résolution; mais avant il veut sonder les siens; il parle de retraite: tous ses généraux, excepté Augereau, approuvent sa prudence; mais les soldats ne peuvent comprendre ce mouvement. Pour la première fois le général est accueilli froidement par les troupes; alors il tend les bras à Augereau : « Tu m'as deviné, dit-il; il serait honteux de battre en retraite avec de tels soldats; nous défendrons nos positions. »

Avant de suivre le jeune général dans sa course foudroyante, il est curieux de voir combien, dans les pays coupés surtout, l'élan et l'intelligence des officiers subalternes et des soldats influent sur la réussite des conceptions du général. Nous citons les lignes suivantes, empruntées aux mémoires d'un illustre général qui n'hésitait pas à reconnaître l'immense part qui revenait à l'intelligence des troupes dans ces batailles de soldats, sans pour cela croire en rien diminuer sa propre gloire ou celle de ses collègues.

« Dans cette armée, le soldat pas plus que l'officier n'attendaient le commandement pour courir aux Autrichiens; se déployer, les attaquer en tête et en flanc, les tuer ou les prendre, n'était que l'affaire de peu d'instants. Il s'établissait une communication électrique entre les soldats et les généraux. Les soldats s'excitaient les uns les autres, et tout avis était bien reçu et suivi sur-le-champ s'il devait contribuer à amener la ruine de l'ennemi. Dans certains corps, des sociétés particulières de soldats faisaient sur les derrières une guerre à mort aux officiers autrichiens. Dès le début de l'action, on les voyait disparaître par petites troupes, et bientôt après le bruit de leur fusillade portait la terreur et le désordre jusque dans les réserves autrichiennes.

« Sur le Lavis, douze carabiniers et trois chasseurs à cheval de la division Vaubois dépassent la colonne ennemie en retraite, s'embusquent et font quatre cents hommes prisonniers; et tant d'autres traits merveilleux d'audace et d'héroïsme. Le nommé Léon, simple soldat à la 33e de ligne, chef de l'une de ces sociétés, s'était fait une réputation d'armée; des corps entiers furent désorganisés par les siens. » (*Voir* MASSÉNA, ROGUET, etc.)

Ces lignes doivent être méditées; elles montrent combien, sur certains théâtres de guerre, l'instruction des officiers inférieurs, l'élan et l'intelligence des soldats peuvent influer sur le sort des opérations tactiques, car bien souvent ils se trouvent livrés à eux-mêmes, et ne doivent compter que sur leurs propres inspirations.

A Montenotte, Millésimo, Dégo, nous voyons d'impétueuses colonnes abordant l'ennemi pendant que d'innombrables tirailleurs couvrent toutes les hauteurs. Ce sont des attaques foudroyantes, de bruyants hourras de combat auxquels les lignes autrichiennes répondent par des feux inutiles. Bientôt avec la victoire revient la discipline : les formes tactiques reparaissent appropriées au théâtre de la guerre, au caractère des armées en présence, au génie du général.

Lodi.

Lodi fut un coup de foudre; cette victoire imprima une telle terreur aux Autrichiens qu'ils ne se trouvèrent plus en sûreté nulle part, tandis que le moral de l'armée française était exalté au delà de toute expression.

Le général ennemi n'avait guère que 10,000 hommes pour défendre le passage ; il les disposa comme l'indique le croquis; de nombreux tirailleurs croates et quatorze bouches à feu bordaient la rivière.

Bonaparte, après avoir donné quelques heures de repos à ses troupes, ordonne, à cinq heures du soir, à la cavalerie de Beaumont, de passer l'Adda à un gué situé à une demi-lieue au-dessus, et de canonner avec sa batterie légère la droite des Autrichiens ; il établit son artillerie en batterie sur la rive droite et forme la colonne des grenadiers serrés en masse derrière le rempart de la ville qui borde l'Adda. Au signal donné, la colonne infernale se met en marche, le général Dupas et le 2e bataillon de carabiniers en tête. Vers le tiers du pont, une masse de carabiniers et de grenadiers se précipitent dans le fleuve, et se déploient en tirailleurs à droite et

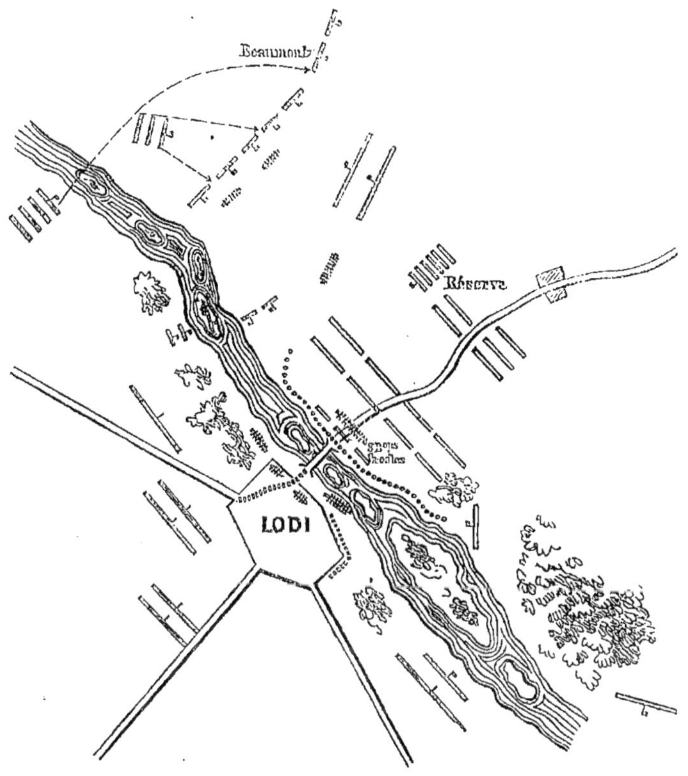

à gauche le long de ses rives. Cette manœuvre facilite le déploiement de la colonne, qui débouche et marche droit à l'infanterie autrichienne, cachée en partie par un léger pli de terrain. Avec une meilleure cavalerie l'armée française aurait pu obtenir de grands avantages.

Les grenadiers se déploient en éventail sans prendre

l'ordre de bataille; le 2e carabiniers, qui est en tête, marche droit à l'ennemi; les autres bataillons, précédés

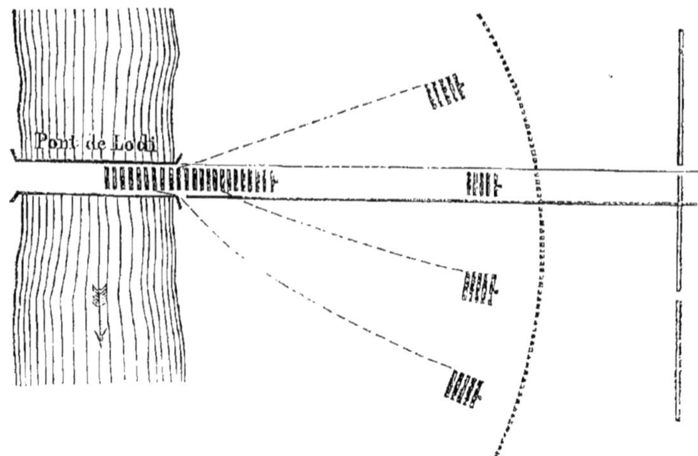

de nombreux tirailleurs, s'élancent à droite et à gauche du 2e carabiniers en colonne serrée par pelotons.

Lonato.

A Lonato et à Castiglione, ce sont encore les colonnes

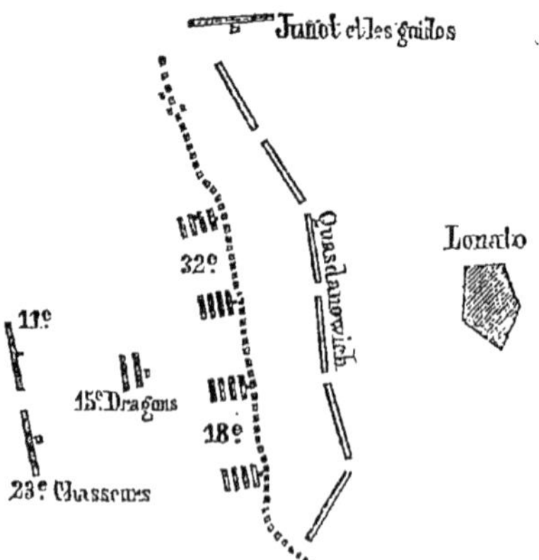

précédées de nombreux et intrépides tirailleurs qui donnent la victoire à l'armée républicaine.

Castiglione.

Le 3 août, vers deux heures du matin, Robert, avec le 51ᵉ, prend position derrière le bois. Les Français, au point du jour, marchent à l'attaque en colonnes. Verdier, avec les grenadiers réunis, enlève Castiglione; Augereau s'avance avec la réserve, pendant que Robert tombe sur les derrières de Liptay, qui se replie.

Cependant Wurmser débouchait de Guiddizzolo. Liptay veut essayer de couvrir son déploiement. Augereau place les 4ᵉ, 5ᵉ et 17ᵉ demi-brigades et le 22ᵉ chasseurs

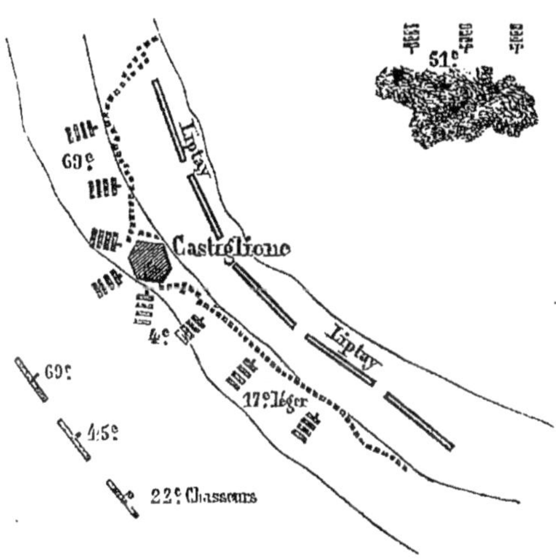

à quinze pas en avant de la Fossa Sériola, l'artillerie cachée par des broussailles. Liptay lance sa cavalerie en colonne par régiment; elle est obligée de se retirer.

Les Français s'avancent; Pelletier emporte les hauteurs de Solférino; Augereau s'étend dans la plaine;

Liptay refoule un moment la brigade Pelletier ; mais Kilmaine, avec deux régiments de cavalerie, tombe sur son flanc.

Le 4, Wurmser vient avec 25,000 hommes au-devant de l'armée républicaine, qui s'est concentrée sur les hauteurs de Castiglione. Serrurier, qui a levé le siége de Mantoue, doit partir de Marcaria, marcher toute la nuit et tomber sur les derrières de Wurmser ; son feu sera le signal du combat.

Les Français feignent de reculer ; mais quand ils entendent, le 5 au matin, le feu de la division Serrurier, ils attaquent sur toute la ligne en colonnes, et la divi-

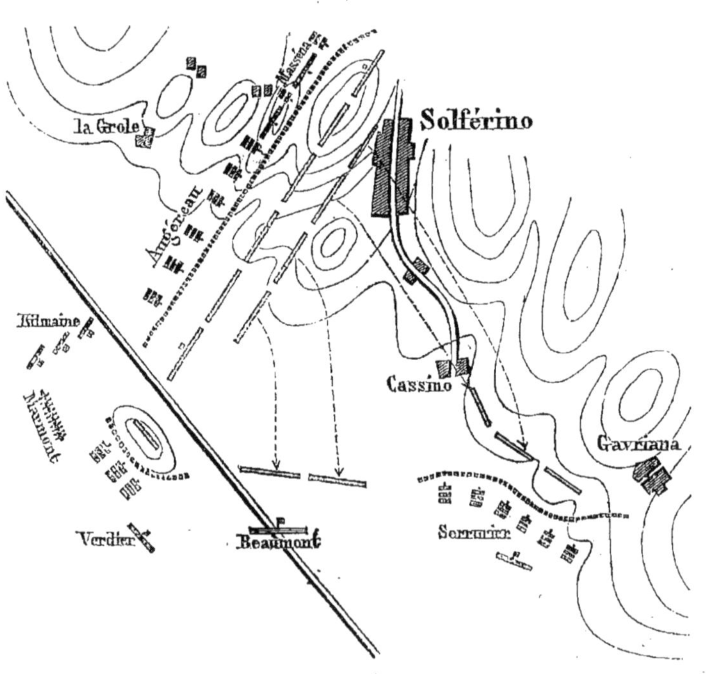

sion Masséna en ordre demi-plein. L'artillerie de Marmont porte le désordre dans les rangs de la gauche autrichienne. Verdier saisit ce moment, et avec trois bataillons de grenadiers et un régiment de chasseurs à cheval enlève Médole. Beaumont s'avance sur les derrières de Wurmser en même temps que les 4e et 5e demi-brigades enlèvent Solférino, et que Masséna, Augereau et Serrurier attaquent et finissent par forcer les Autrichiens à la retraite.

A la suite de ces admirables combats, les républicains poursuivent à outrance les débris do Wurmser. A San-Marco comme à Calliano, il faut, pour arriver à l'ennemi, traverser des défilés étroits défendus par son artillerie. Une batterie légère bat le défilé, les tirailleurs couvrent les montagnes, la 18e légère entière combat dispersée pendant que plusieurs bataillons en colonne serrée enfoncent tout devant eux, traversent le défilé et poursuivent l'ennemi.

A Saint-Georges l'ordre est le même.

La division Bon déploie ainsi qu'il suit : la 1re demi-brigade, qui est en tête, marche droit devant elle ; les autres demi-brigades qui composent la colonne déboîtent à droite et se forment en bataille sans tenir compte de l'inversion. La retraite des Autrichiens se fait en échiquier.

Arcole.

Arcole est une bataille de tirailleurs ; les deux partis se battent sur les digues étroites qui traversent les marais et les rizières ; les tirailleurs français profitent des moindres bandes de terrain non inondées pour tourner les colonnes autrichiennes. Des bataillons embusqués dans le bois, au confluent de l'Alpon et de l'Adige, mettent en déroute les brigades autrichiennes qui repoussent les troupes d'Augereau. On se fusille à bout portant le long des digues.

Enfin, quand l'ennemi est suffisamment affaibli par un combat de trois jours, l'armée républicaine se range en bataille sur la rive gauche de l'Alpon, entre Arcole et San-Grégorio, et attaque l'armée autrichienne en ordre demi-plein, pendant que 25 guides sous le commandement du capitaine Hercule tournent les marais qui défendent la gauche des Autrichiens, fondent à grand bruit de trompettes sur les derrières de cette aile et en déterminent la retraite.

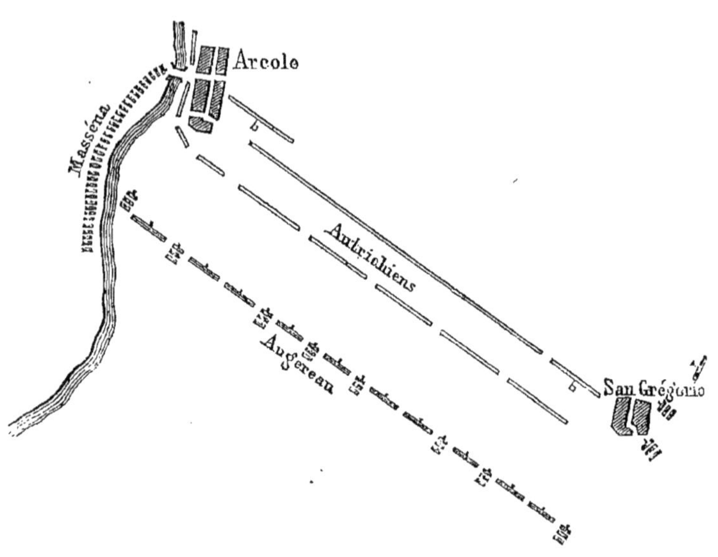

A la nuit, l'armée républicaine prend la formation suivante :

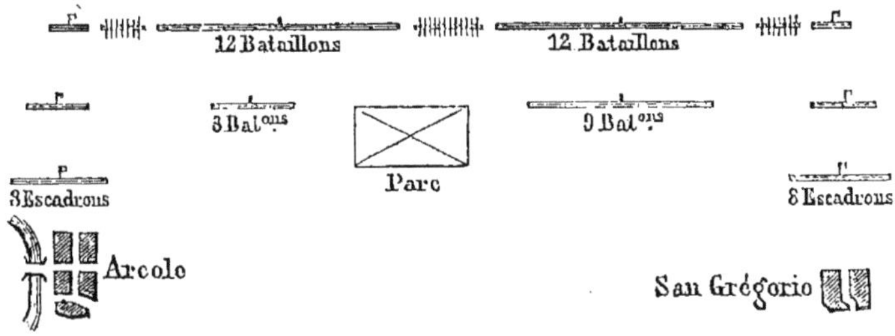

Rivoli.

Rivoli fut une admirable bataille de tirailleurs et de combats en petites colonnes. La conservation du plateau

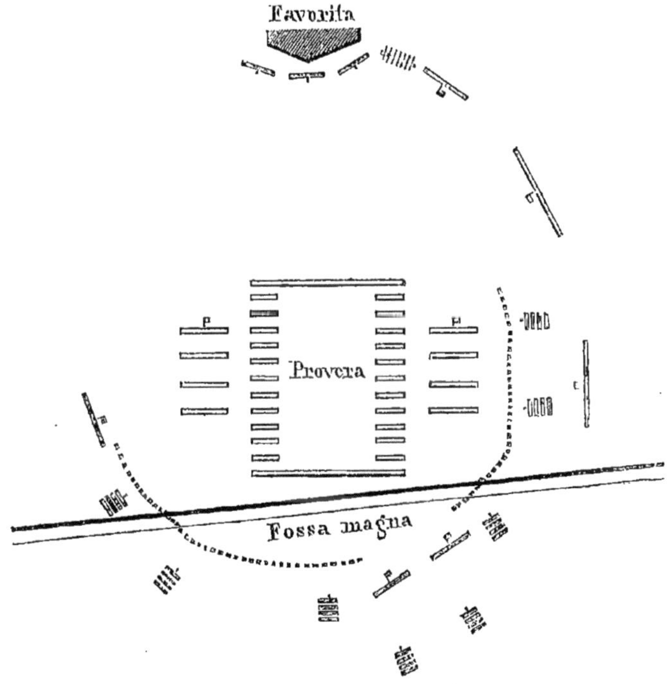

de Rivoli permettait d'accabler isolément les colonnes autrichiennes. Tout ce qui a débordé sur le plateau est précipité pêle-mêle dans les ravins qui y conduisent. C'est un tourbillon qui coupe et renverse tout : mais tout n'était pas terminé, et bientôt Provera était contraint à mettre bas les armes.

Provera était formé en un vaste rectangle qui se trouva en peu d'instants environné de toutes parts.

Nous ferons remarquer que la formation déployée, au moyen de laquelle nous avons figuré l'ordonnance des demi-brigades républicaines, n'a pas toujours la valeur que nous sommes habitués à lui voir sur les planches de la théorie. Au milieu des plantations de mûriers qui couvrent les fertiles plaines de la Lombardie et donnent à tout ce pays l'aspect d'une forêt éclaircie, l'ordre déployé coude à coude est presque impossible, et aurait du reste peu convenu aux impétueuses demi-brigades de l'armée d'Italie et à la tactique de l'époque parfaitement différente de celle de Frédéric.

Les lignes simples représentant des bataillons déployés signifient que ces bataillons forment autant de chaînes épaisses de tirailleurs en avant desquelles combattent les officiers et les plus braves sous-officiers et soldats.

Le passage du Tagliamento nous offre un exemple très-remarquable d'attaque en ordre demi-plein : aussi les dispositions prises en cette circonstance par le général Bonaparte ont-elles été souvent citées comme un modèle à suivre.

Les bataillons en colonne qui encadrent les bataillons déployés sont en colonne à demi-distance ; devant le front de chaque division d'armée, une demi-brigade légère forme une chaîne épaisse de tirailleurs, soutenue sur ses ailes par deux bataillons de grenadiers en colonne à demi-distance.

Pour attaquer, ces deux lignes se fractionnèrent en échelons par régiment, quelques escadrons dans les intervalles. La réserve de cavalerie, un peu en arrière de la ligne, flanquait les ailes de l'armée.

Pendant la campagne d'Egypte, Bonaparte imprima à la formation en carré le cachet de son génie; il fit un ordre de marche de ce qui n'était qu'un ordre de combat, mais il avait affaire à une forte cavalerie irrégulière. Chacune des cinq divisions de l'armée française formait un grand carré sur six rangs de hauteur, l'artillerie aux angles, la cavalerie, les équipages dans l'intérieur du carré. Les grenadiers formaient la réserve; les carrés marchaient échelonnés.

Après l'affaire de Chébreis, l'armée marcha dans l'ordre indiqué ci-dessus; lorsqu'il s'agissait de passer un défilé, les carrés, après s'être rapprochés le plus possible de l'entrée du défilé, se rompaient en colonnes, qui, parvenues en plaine, reprenaient l'ordre en carré.

Aux Pyramides, Bonaparte, voyant le désordre parvenu à son comble, ordonne aux généraux Bon, Menou et Dugua de lancer à l'attaque d'Embabeck la première ligne de leurs carrés, ou, pour mieux dire, les compagnies formant les trois premiers rangs.

A Mont-Thabor, Kléber avait formé son infanterie en deux carrés entourés d'une ligne très-rapprochée de tirailleurs: voyant, après quelques heures de combat, que l'un de ses carrés était trop petit pour contenir les équipages et les blessés, il ordonne de réunir les deux carrés. Le mouvement s'exécute malgré l'effort des Turcs, qui voulaient empêcher cette manœuvre.

Cependant Bonaparte accourait avec la division Bon, toute l'artillerie, toute la cavalerie de l'armée; il forme son infanterie en deux carrés, pendant que sa cavalerie légère, appuyée de deux pièces volantes, tombait sur le camp ennemi, et que sa cavalerie de ligne allait par un détour couper la retraite à l'armée turque. Il dirige alors sa marche de manière à former avec ses deux carrés d'infanterie et celui de Kléber les trois angles d'un triangle équilatéral de mille toises de côté; par cette manœuvre, il ne laissait à l'ennemi d'autre retraite que le Jourdain, derrière lequel attendait le corps détaché de Murat, prêt à fondre sur les fuyards.

On vit à cette bataille un nouvel exemple de ces petites colonnes se détachant des carrés principaux pour opérer les mouvements nécessités par les diffé-

Colonne de Desaix à Marengo.

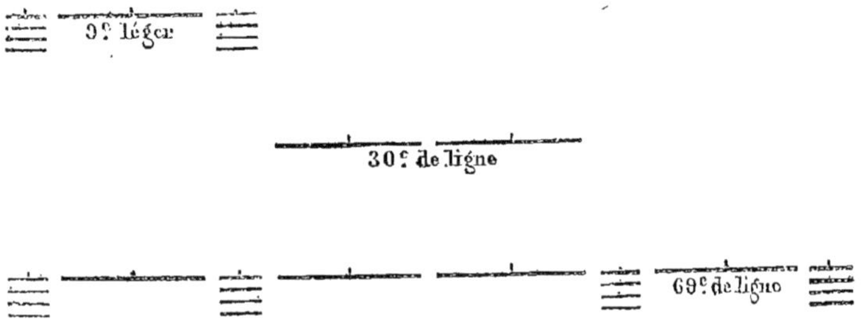

9e léger

30e de ligne

69e de ligne

rentes péripéties du combat. Ainsi Verdier, avec quatre compagnies de grenadiers, enlève le village de Soulick. Plus tard Bonaparte lance la 32e pour prendre l'ennemi en flanc; une partie de la 18e occupe la montagne de Noures.

Nous terminerons ce chapitre en parlant de la formation de la colonne d'attaque de Desaix à Marengo. Elle est formée d'après les principes les plus purs de la tactique française, comme l'indique la figure.

Elle attaque en échelons de régiment par la gauche. On connaît le succès de cette brillante attaque, qui, appuyée par l'artillerie et la charge de cavalerie de Kellermann, ravit aux Autrichiens la victoire si disputée de Marengo.

CHAPITRE VI.

Application de la tactique française ou perpendiculaire sous l'Empire jusqu'en 1809.

Le camp de Boulogne ouvre une ère nouvelle. L'infanterie ne manœuvre plus avec la fougue des demi-brigades républicaines, les troupes ne se disséminent plus sur une vaste étendue de pays. Tout devient régulier, toutes les armes sont dans la main du général.

La force de la division d'infanterie a varié, pendant les guerres de l'Empire, de 6 à 16 bataillons ; elle a été habituellement de 3 à 5 régiments, ou de 8 à 12 bataillons. Le bataillon a toujours été l'unité de force : une compagnie d'artillerie à pied servant 8 bouches à feu est attachée à chaque division. Deux, trois ou quatre divisions forment un corps d'armée ; une division de cavalerie légère, une réserve d'artillerie, une ou deux compagnies du génie, des ouvriers d'artillerie, des troupes d'administration sont ordinairement attachés à chaque corps d'armée et en font un tout complet en infanterie seulement, ayant juste assez de cavalerie pour s'éclairer.

La cavalerie de la garde, les cuirassiers, les dragons,

5.

quelques régiments de cavalerie légère formant des divisions et plus tard des corps d'armée de deux divisions, constituent une puissante réserve. Quelques compagnies d'artillerie légère, servant des batteries de 6 pièces, sont attachées aux réserves de cavalerie. Les batteries non disséminées, et celles qui composent la réserve des corps d'armée, viennent se grouper autour des pièces de 12 de l'artillerie de la garde et former ces formidables batteries avec lesquelles l'Empereur écrase les forces ennemies.

Derrière l'armée, se tient la vieille garde, les triaires des temps modernes.

Les escadrons de service sont enfin, dans les mains de l'Empereur, la dernière réserve.

En présence de l'ennemi, l'infanterie manœuvre en colonnes d'attaque, en colonne serrée par division (deux compagnies), ou bien en colonne serrée par peloton, quand les compagnies d'élite sont détachées.

Dans les premières guerres de l'Empire, les bataillons manœuvrent en colonne à intervalles de déploiement ; plus tard, lorsque l'infanterie, appauvrie par ses propres victoires, fut devenue moins solide, les bataillons se rangèrent en colonne serrée les uns derrière les autres, par brigade et même par division. Ce fut le commencement de la décadence de l'armée française.

L'usage du feu fut alors presque exclusivement réservé aux puissantes batteries d'artillerie.

La cavalerie marche en colonne serrée par escadrons, l'artillerie dans l'intervalle des colonnes d'infanterie et de cavalerie.

Les brigades de cavalerie légère, appuyées par les divisions de dragons ou de cuirassiers, ont reconnu l'ennemi, l'ont forcé à se déployer et à montrer ses forces. Les colonnes d'infanterie arrivent vers la fin de la journée, et préparent l'action du lendemain en s'emparant du village, du mamelon, du bois, auquel s'appuyait l'armée ennemie. L'Empereur reconnaît la position. Si l'ennemi offre une occasion d'attaquer, les colonnes de marche par division d'armée, sans prendre même le temps de se déployer, s'avancent de tous côtés, sous la protection de l'artillerie ; la cavalerie se déploie et charge. Lorsque la nuit ne permet plus de pousser le combat, l'armée bivouaque ; les corps éloignés marchent sans relâche pour venir prendre part à la lutte du lendemain.

Au point du jour, tout le monde est sous les armes ; l'armée, en ordre mince, abritée autant que possible, et l'Empereur se contente de canonner. Mais le moment est-il venu d'attaquer, les bataillons en colonne d'attaque à intervalle de déploiement marchent en avant, la cavalerie légère aux ailes, la cavalerie de réserve derrière l'infanterie, la garde plus en arrière, l'artillerie sur le front ; des nuées de tirailleurs s'échappent des flancs des masses d'infanterie et couvrent le champ de bataille d'un nuage de fumée ; ils profitent de tous les obstacles du terrain pour s'abriter, ils couvrent partout le mouvement des colonnes. Quelquefois la cavalerie précède l'infanterie et facilite son action ; dans tous les cas elle la suit, prête à la soutenir et à profiter de la moindre apparence de trouble pour se jeter sur l'infanterie ennemie.

Si cette dernière oppose une résistance considérable, les masses françaises se déploient, et, après une courte fusillade, attaquent à la baïonnette pendant que l'artillerie, alors trop éloignée, remet ses pièces sur ses avant-trains et se rapproche du lieu de la bataille.

Malheureusement, les grosses et profondes masses d'infanterie n'ont pas toujours pu se déployer, comme à Busaco, Albuera.

Faut-il résister longuement à un ennemi de beaucoup plus fort, les bataillons français, dispersés là en tirailleurs en grande bande, ici déployés, profitant avec intelligence de tous les accidents de terrain, sont soutenus à propos par quelques petites colonnes d'infanterie et de cavalerie placées en arrière de la ligne.

Tels furent les principaux traits de la tactique française sous l'Empire.

Nous arrivons à la célèbre campagne de 1805. Napoléon débute en enlevant à Ulm la première armée autrichienne, qui s'est imprudemment avancée sans attendre l'armée russe. A Elchingen, au second combat d'Haslach, les troupes de Ney et de Dupont attaquent en colonnes serrées de bataillons à intervalles de déploiement précédées de nombreux tirailleurs.

Il en est de même à la bataille de Caldiero, livrée par Masséna en Italie. A Wertingen, comme à Caldiero, les Autrichiens veulent rétablir le combat en faisant une trouée avec une masse profonde et compacte d'infanterie; mais à ces deux batailles les tirailleurs, l'artillerie et la cavalerie détruisent en partie ces grosses masses. Pourquoi le sort de ces énormes colonnes n'a-t-il pas servi à nous empêcher de tomber dans les mêmes fautes?

Le combat de Dirnstein doit être cité comme exemple à toutes les infanteries. Il prouve que des hommes braves et résolus peuvent toujours sortir d'une position difficile et que l'on ne doit jamais désespérer de son salut. Lorsque les Français reviennent sur leurs pas, marchant sur la route en colonne par section, il avait été ordonné à chaque section de se replier à droite et à gauche, après avoir fourni son feu (comme dans les feux de chaussée); mais au bout de très-peu d'instants, cette manœuvre devient impossible, et le combat dégénère en lutte sanglante à la baïonnette entre les deux têtes de colonne, dont l'une ne veut pas reculer et l'autre veut avancer à tout prix.

Bataille d'Austerlitz.

Les alliés se décident à quitter leur position d'Olmutz et à tourner l'armée française par sa droite. Ils marchent sur cinq colonnes, dont une composé exclusivement de la réserve de cavalerie; leur armée est précédée d'une avant-garde formant trois petites colonnes sous Bagration.

Le 2 décembre, les troupes françaises sont en bataille dans l'ordre suivant :

Dans la plaine entre Girschikowitz et le Santon, la division Caffarelli (13e léger, 17e, 51e, 30e, 61e : 10 bataillons) sur trois lignes de colonnes d'attaque par bataillon à distance de déploiement, le 13e léger en première ligne. La division Suchet (34e, 40e, 64e, 88e : 8 bataillons) sur deux lignes de colonnes d'attaque : le 17e léger occupe le Santon.

Au centre, le maréchal Bernadotte : division Drouet (27e léger, 94e, 95e : 9 bataillons). Division Rivaud

87e, 45e, 54e : 9 bataillons) sur trois lignes de colonne d'attaque à intervalle de déploiement.

A droite, la division Saint-Hilaire dans le même ordre en avant de Puntowitz; en avant de Kobelnitz la brigade Levasseur (de la division Legrand, tirailleurs corses 18e, 75e). En avant de Girschikowitz la division Vandamme. A l'extrême droite, le général Legrand, tirailleurs du Pô, sur un monticule et dans les fossés en avant de Tellnitz, qui est occupé par le 3e de ligne : le 26e garde Sokolnitz : la brigade de cavalerie légère Margaron en réserve, sa demi-batterie légère à droite, la batterie de la division Legrand entre Tellnitz et Sokolnitz.

Les batteries attachées à chaque division d'infanterie dans les intervalles entre les brigades.

La cavalerie de réserve sous Murat derrière les divisions du maréchal Lannes. La garde et les grenadiers sur le plateau en arrière de Girschikowitz, présentant deux lignes de colonnes serrées par bataillon à distance de déploiement, 40 bouches à feu dans les intervalles. La cavalerie de la garde en colonne serrée par escadrons.

Quelques jours avant la bataille, l'Empereur avait prescrit un mode nouveau de formation pour l'infanterie. Chaque brigade doit avoir son premier régiment en bataille, le second en deux colonnes serrées par division, le 1er bataillon du 2e régiment derrière la droite du 1er régiment, le 2e bataillon derrière la gauche, l'artillerie dans l'intervalle des deux bataillons déployés, et quelques pièces aux ailes. Si la division a un cinquième régiment, il devra être en réserve à cent pas en arrière.

« Dans cet ordre de bataille, fait observer l'Empereur aux maréchaux Soult et Bernadotte (lettre du 26 décembre 1805), vous vous trouverez dans le cas d'opposer à l'ennemi le feu de la ligne, et des colonnes serrées toutes formées pour opposer aux siennes. »

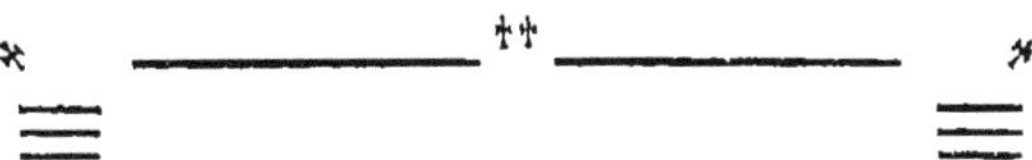

Ainsi, l'Empereur, dès cette époque, prescrivait l'adoption de l'ordre par brigades accolées.

Ces dispositions font époque dans l'histoire de la tactique ; elles sont marquées au sceau de ce génie pratique qui pensait à tout et qui savait tout. C'est la confirmation de cette règle des combats d'infanterie : la seconde ligne ne saurait être indépendante de la première ligne, elle en est le soutien et le secours immédiat. En second lieu, l'ordre par brigades accolées est conforme à ce que l'histoire entière nous montre comme s'étant passé à chaque bataille. Le terrain est généralement coupé de telle manière que chaque brigade peut avoir un but distinct à obtenir. Or la seconde ligne vient rarement au secours de la première sans l'entraîner de nouveau au combat, car le passage des lignes du règlement s'est bien rarement fait ; pourquoi donc vouloir mêler les troupes des deux brigades et les enlever, par un désordre bien inutile, à leurs chefs directs?

C'est enfin la condamnation de l'ordre déployé, et de l'ordre déployé une division tout entière en première ligne, une division tout entière en seconde ligne.

A Austerlitz, au moment de l'attaque des hauteurs de Pratzen, les bataillons déployés s'étant formés en colonnes d'attaque sur le centre, la division Saint-Hilaire, par exemple, était rangée dans l'ordre suivant :

L'Empereur avait dit dans sa proclamation de la veille « Pendant qu'ils marcheront pour tourner ma droite, ils me présenteront le flanc....... La victoire ne saurait hésiter dans cette journée, où il y va de l'honneur de l'infanterie française qui importe tant à l'honneur de toute la nation. »

L'infanterie ne fit pas défaut à sa vieille réputation et anéantit l'infanterie austro-russe.

Pendant que Legrand résiste avec la plus rare ténacité à l'effort des colonnes ennemies, le signal de l'attaque est enfin donné ; Soul t, Bernadotte et Lannes s'ébranlent aussitôt.

Sur le plateau de Pratzen, l'infanterie de la 4e colonne austro-russe rompait par peloton à gauche pour suivre le mouvement de la 3e colonne déjà en marche sur Sokolnitz, lorsqu'on aperçut tout à coup les masses d'infanterie de Soult et de Levasseur gravissant lestement les hauteurs. La queue de la 3e colonne et toute la 4e font face à droite par le mouvement de à droite en bataille. (Ces colonnes marchaient la gauche en tête; elles étaient composées, comme dans les armées de Frédéric, de pelotons à distance entière.) Kutusoff comprend que les hauteurs de Pratzen sont la clef de la position; il envoie demander du secours au prince de Lichtenstein, qui lui donne quatre régiments de cavalerie. Les colonnes françaises avancent toujours l'arme au bras sans répondre au feu des Autrichiens. Le 10e léger de la division Saint-Hilaire négligeant le village de Pratzen, où Kutusoff avait placé les deux bataillons de la tête de la 4e colonne, le 10e léger, disons-nous, passe le ruisseau et marche droit sur les hauteurs. Il est soutenu par la brigade Thiébault, pendant que la brigade Waré tourne le village sur la gauche, prend en flanc les bataillons russes destinés à soutenir la défense du village, et couronne les hauteurs. La division Vandamme vient s'aligner sur la brigade Waré, et attaque la 4e colonne austro-russe.

Cette colonne s'est rangée sur plusieurs lignes, refusant sa droite placée sur les sommités du terrain vers Kzernowitz, où se trouve une nombreuse artillerie. A la distance de cent pas, les Français se déploient en partie et ouvrent un feu de deux rangs très-meurtrier; mais dans ce combat, les Austro-Russes, grâce à leur nombre, vont avoir le dessus; les Français chargent donc à la baïonnette et renversent la première ligne ennemie sur la seconde. Six bataillons ennemis, masqués par un mamelon, manœuvrent pour tourner la gauche de la division ; le 4e de ligne les aborde de front et le 24e de ligne les prend en flanc.

Ces deux régiments ne tirent pas un coup de fusil et les culbutent à la baïonnette. Dès le début de ce remarquable combat d'infanterie, les divisions du maréchal Soult sont rangées comme l'indique la planche.

Cependant la queue de la 3e colonne avait fait front. Deux régiments russes, Fanagorisky et Rhynsky de la 2e colonne, restés en réserve sur les hauteurs, et les brigades autrichiennes Guzczeck et Rottermund, en tout vingt bataillons, occupant une ligne très-étendue, s'avancent pour envelopper le 10e léger, les 14e, 36e et 43e. Le 36e, un bataillon du 14e et un du 10e léger fondent avec fureur sur cette partie de la ligne ennemie et la culbutent. L'autre bataillon du 10e s'avance à son tour, il est repoussé; mais en ce moment la brigade Levasseur vient donner dans le flanc du général Kamensky, tandis que Saint-Hilaire renouvelle son attaque; la division Saint-Hilaire reste maîtresse du plateau. Le 55e et la division Vandamme poussent l'ennemi sur Hosteriadeck. La cavalerie envoyée par le prince de Lichtenstein couvre la retraite. Les alliés sont rejetés dans les bas-fonds vers Auszjed.

Au centre, Bernadotte et la garde s'établissaient sur les hauteurs sans coup férir.

A gauche, Caffarelli livrait un combat remarquable en ce sens que, là aussi, chaque brigade eut à soutenir une lutte distincte. La 1re brigade de cette division enlève Blasowitz, la 2e brigade emporte Kruhe. Plus à gauche, la division Suchet marche à l'ennemi sur deux lignes de colonnes d'attaque. A portée de fusil, la deuxième ligne s'arrête, se déploie pendant que la première ligne marche à l'ennemi. Les cuirassiers placés en soutien renversent l'infanterie russe ébranlée. Le dernier acte de la bataille est l'échauffourée du 1er bataillon du 4e de ligne renversé par la cavalerie russe pour s'être trop laissé emporter par son ardeur à la poursuite des troupes russes destinées à reprendre le plateau.

C'est un défaut des troupes d'infanterie française, de se débander dans l'attaque et de ne pas assez conserver les rangs; il en est résulté quelques désastres, parce que la cavalerie ennemie, arrivant à l'improviste, a toujours bon marché de ces soldats dispersés que leur ardeur emporte trop loin. Nous trouvons de nombreux exemples de ce genre.

Telles furent les formations, telles furent les manœuvres de l'infanterie française à Austerlitz.

Campagne de Prusse (1806).

Les Prussiens n'avaient rien appris aux guerres de la République; ils vivaient sur les traditions de leur glorieux passé. A une époque où l'Empereur écrivait à Marmont : « Quant aux subsistances, il est impossible de vous nourrir par les magasins, et c'est à ne pas s'être servi de magasins que l'armée française doit une grande partie de ses succès ; » les Prussiens traînaient à leur suite d'innombrables bagages. L'Empereur ne tolérait que deux caissons par bataillon, pour transporter quatre jours de vivres. Les soldats en portaient quatre autres dans leur sac en cas de concentration subite. A une époque où les armées françaises, devenues extrêmement mobiles, manœuvraient partout et dans un ordre flexible et maniable, les Prussiens avaient encore conservé les ordres de marche et de combat de Frédéric; deux lignes d'infanterie et la cavalerie aux ailes. Ils n'avaient à opposer à nos tirailleurs que des pelotons entiers et ne connaissaient rien aux combats qu'ils ont appelés depuis combats traînants. Leurs bataillons sont toujours rivés à la ligne de bataille, et cette ligne s'avance toujours tout d'une pièce ou par échelons déployés. Les différences morales étaient énormes; en France, le dernier soldat pouvait parvenir aux grades les plus élevés par son courage et son intelligence; en Prusse, la noblesse seule pouvait prétendre aux emplois d'officier. En France, les chefs étaient jeunes, pleins d'ardeur et d'expérience de la guerre; en Prusse, ils étaient vieux et fatigués.

Les soldats français sont hardis, actifs, adroits, marcheurs infatigables, vivant de tout et partout, d'une ardeur bouillante, d'une ténacité indomptable, et par-dessus tout industrieux. Les troupes prussiennes n'ont rien changé, ni à leur recrutement, ni à leurs manœuvres, ni à leur incommode tenue, ni à leurs habitudes, fruit d'une longue paix. Ce sont les Prussiens de 1760 moins le grand Frédéric et l'habitude de la guerre.

Aussi nous sommes arrivés à une époque solennelle de l'histoire. La tactique nouvelle est aux prises avec la tactique ancienne, comme autrefois la légion avec la phalange. Une révolution va bientôt s'opérer dans les idées, et les Prussiens les premiers, descendant en eux-mêmes et le cœur plein de désir de vengeance, vont jeter les bases d'une instruction nouvelle pleine de bon sens pratique et de simplicité.

Le roi de Prusse avait eu l'intention de commencer les hostilités le 9 octobre 1806, en débouchant sur Francfort, Wurtzbourg et Bamberg ; mais se voyant prévenu et tourné sur sa gauche par l'Empereur, il rappelle ses détachements, et dans la journée du 13 il vient camper entre Capellendorf et Awerstedt, face à la Saale, qu'il compte passer le lendemain.

« L'ennemi marche sur Leipzig, écrit le roi à ses généraux ; les maréchaux Lannes et Augereau servent à masquer son mouvement ; en conséquence, l'armée ira à Awerstedt aujourd'hui, et le 14 à Freyberg. Le prince de Hohenlohe couvrira ce mouvement sans attaquer l'ennemi ; on marchera par la gauche sur une seule colonne par division à deux heures de distance. »

Déjà les combats de Schleitz et de Saalfeld avaient produit une grande impression sur le moral de l'armée prussienne ; les voltigeurs français, se glissant partout, avaient fusillé et livré en désordre aux colonnes d'attaque du maréchal Lannes les belles lignes d'infanterie du prince Louis.

Ce sont encore les tirailleurs français qui s'emparent du Landgrafenberg, en chassent les avant-postes du général Tauenzien et donnent aux divisions Suchet et Gazan le temps d'accourir et de s'emparer du terrain sur lequel l'armée pourra se déployer le lendemain.

Bataille d'Iéna.

Le 14 octobre 1806, l'infanterie française est rangée dans l'ordre suivant : la division Saint-Hilaire en avant de Lobstedt sur trois lignes de colonnes d'attaque, la division Suchet à droite du Landgrafenberg, le 17e léger et un bataillon d'élite déployé, le 34e et le 40e en colonnes serrées sur les ailes de cette première brigade, la brigade Vedel déployée fermant ce rectangle :

Bon d'élite — 17e léger

40e — 34e

Brigade Vedel

La division Gazan à gauche, plus à gauche la division Desjardin, toutes deux sur trois lignes de colonnes d'attaque à intervalle de déploiement, la division Heudelet en colonne serrée sur la route d'Iéna à Weimar.

L'ordre de bataille, avait dit l'Empereur, sera sur deux lignes, sans compter l'infanterie légère. La deuxième ligne à cent toises au plus de la première. La cavalerie légère à la disposition de chaque général, la garde sur cinq lignes derrière le plateau, la cavalerie de réserve derrière la garde.

L'ordre adopté par la division Suchet était une des conséquences du rôle qui lui était assigné de s'avancer la première sur un terrain découvert où elle pouvait être en butte aux brusques attaques de la cavalerie prussienne alors fort redoutée d'après sa vieille et glorieuse réputation.

Mais dès que le combat commence, cette division se déploie ; le 17e léger se jette à l'attaque du bois de Closewitz, le bataillon d'élite enlève ce village, le 34e et le 40e forment une ligne de colonnes d'attaque qui est suivie de la brigade Vedel, également en ligne de colonnes d'attaque par bataillon.

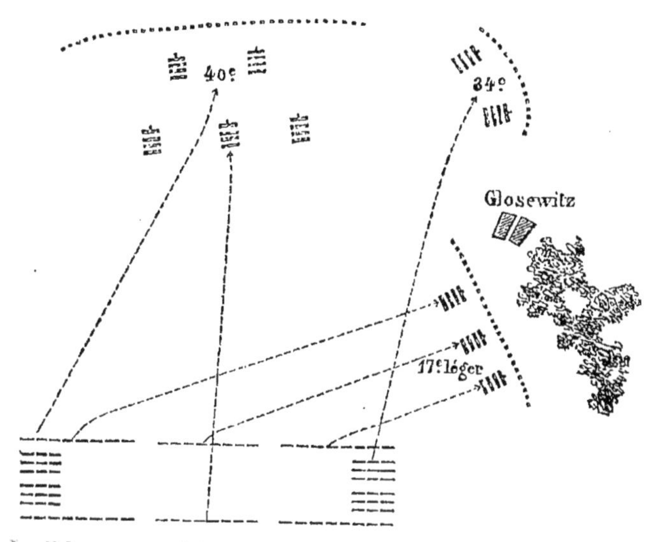

Le 34e, par un léger changement de direction à droite, sépare deux des bataillons de la brigade Cerrini, qui venait de recueillir les avant-postes du général Tauenzien, et les rejette vers Nerckwitz sur les troupes du général Holzendorf. Les bataillons français attaquent en colonnes précédées de nombreux tirailleurs : les bataillons de la brigade Cerrini sont déployés sur une seule ligne, et cherchent à repousser les Français par des feux de bataillon exécutés avec calme et précision. La lutte n'est pas longue ; les Prussiens ou plutôt les Saxons de la brigade Cerrini sont culbutés, et leur artillerie reste entre les mains des tirailleurs français.

Toute l'armée française est bientôt en ligne, mais chaque division n'a rien changé à son ordre d'attaque. Le maréchal Ney, avec un bataillon de voltigeurs, un de grenadiers, deux bataillons du 25ᵉ léger, et deux régiments de cavalerie légère, a pris place entre les troupes du maréchal Lannes et celles du maréchal Augereau. Pendant qu'il lance le 25ᵉ léger à l'attaque du bois d'Iserstedt, il forme ses deux bataillons d'élite en deux carrés et foudroie à bout portant les cuirassiers prussiens. Cependant le prince de Hohenlohe fait avancer son infanterie : cette dernière est rangée sur une ligne déployée, ayant pour réserve les cinq bataillons du général Dyhern, également déployés. Parvenue en face de Viezzehn-Heiligen, elle commence un feu de mousqueterie terrible avec une régularité due à de longs exercices : Ney souffre cruellement, mais l'infanterie de Lannes entre en ligne, la division Saint-Hilaire tourne la gauche de l'infanterie prussienne, les voltigeurs de Ney, le 21ᵉ léger enlèvent Viezzehn-Heiligen, et toute l'infanterie française sur deux lignes de colonnes d'attaque à intervalle de déploiement se porte à l'attaque de la ligne prussienne. Des nuées de tirailleurs couvrent le mouvement des colonnes : à gauche Heudelet entre en ligne, Desjardin débouche enfin du bois d'Iserstedt; une impulsion irrésistible se communique à tous les rangs de l'infanterie française, elle pousse devant elle les Prussiens rompus et les culbute sur le terrain incliné qui descend vers l'Ilm. Le régiment de Hohenlohe, et les grenadiers de Han de la division Grawert, sont presque entièrement détruits par le feu ou par la baïonnette. La brigade Cerrini recule sur la réserve Dyhern, qui, bientôt débordée de tous côtés, se débande comme le reste de l'armée.

Le désordre est porté au comble par la cavalerie française, qui charge de toutes parts. Le général Ruchel survient enfin ; il marche sur deux lignes d'infanterie, la cavalerie aux ailes; les bataillons, comme toujours, sont déployés. Ce corps d'armée est accueilli par la tempête des fuyards, débordé sur sa gauche par les bataillons de Saint-Hilaire, attaqué de front par les bataillons de Lannes et de Ney. Les Prussiens fuient en désordre vers Weimar. Ainsi deux fois la division Saint-Hilaire, par son mouvement tournant, prépara le choc des bataillons du centre de la ligne française. Il est probable qu'à ce moment de la bataille, l'infanterie de cette nation s'était un peu éparpillée : cependant elle dut s'observer devant la cavalerie prussienne, qui, jusqu'au dernier moment, combattit avec dévouement.

Il ne restait plus sur le champ de bataille que les deux brigades saxonnes Burgsdorff et Nehroff, lesquelles, forcées peu à peu dans leur position par l'adresse des tirailleurs français, opéraient leur retraite disposées en deux carrés. Ces carrés présentaient trois faces d'infanterie et une d'artillerie, celle-ci formant la face en arrière. Les deux brigades se retiraient tour à tour, s'arrêtant, faisant feu de leurs canons, et puis reprenant leur marche. L'artillerie d'Augereau les suivait en leur envoyant des boulets ; une nuée de tirailleurs français, courant après elles, les harcelait à coups de fusil. Murat vient achever leur ruine en faisant enfoncer le premier carré par les dragons, et le second par les cuirassiers d'Hautpoul.

Nouvel exemple du danger des grands carrés.

En résumé, que voyons-nous à Iéna? Des bataillons en colonne d'attaque à intervalle de déploiement, des lignes de colonnes d'attaque fort rapprochées, n'en faisant qu'une par le soutien immédiat qu'elles se portent, et donnant pour ainsi dire du corps à cette épaisse chaîne de tirailleurs, adroits, infatigables, se glissant audacieusement partout, et semant la désolation dans les lignes ennemies, dont les bataillons déployés répondent à l'attaque par des feux exécutés avec calme et régularité et par des charges en ligne à la baïonnette.

Cependant le canon grondait du côté de Naumbourg; le maréchal Davoust livrait une seconde bataille et achevait à Awerstedt la destruction de l'armée prussienne.

Bataille d'Awerstedt.

Après la reconnaissance de cavalerie exécutée par la cavalerie française, et ramenée par l'avant-garde du général Blücher, le maréchal Davoust profite de l'avantage remporté par le 25e de ligne, pour porter le 85e dans le village de Hassenhausen, barrant la route par laquelle l'armée prussienne cherche à déboucher; de nombreux tirailleurs sont portés dans le petit bois de saules situé en avant et à droite d'Hassenhausen. Le 25e, le 21e sont rangés à droite sur deux lignes, le 12e en colonne serrée prêt à former le carré de régiment sur le flanc droit de la division.

La division prussienne Schmettau, tête de colonne, s'est formée en bataille; elle se porte en avant pour éteindre le feu des tirailleurs français pendant que la cavalerie de Blücher fond sur le flanc droit des Français ; le 25e et le 21e disposent leurs bataillons de droite en carré, le 12e forme le carré de régiment.

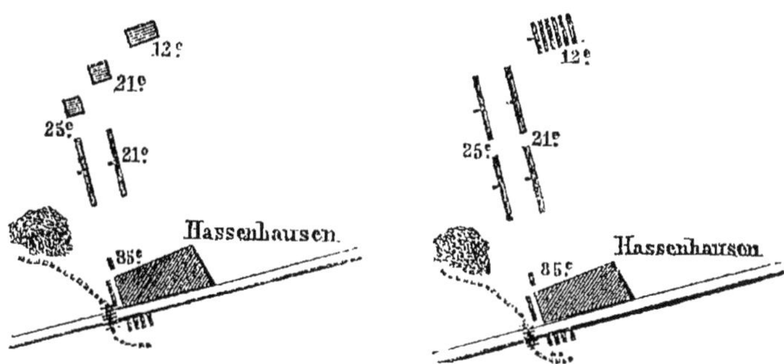

Les Prussiens sont ramenés ; en ce moment débouche en colonne serrée la division Friant ; elle vient se

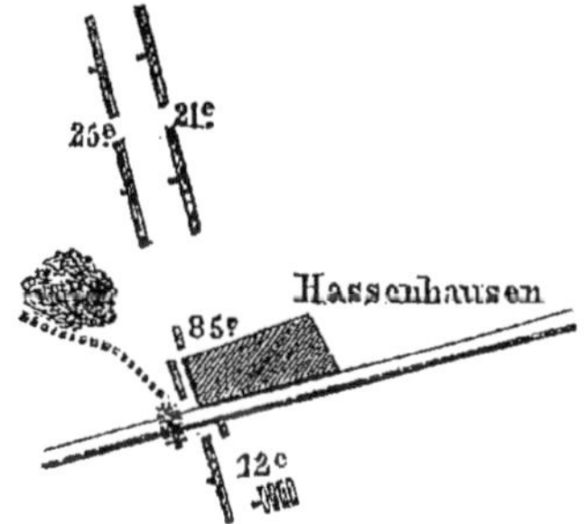

former à droite sur deux lignes, tandis que Gudin se concentre dans le village.

Du côté des Prussiens, paraît la division Wartensleben ; elle se prolonge à droite de la division Schmettau, et se forme sur la gauche en bataille (les Prussiens marchaient par ligne et par la gauche). La division Orange accourt aussi pour soutenir la lutte, pendant que Wartensleben s'avance en échelons, l'aile gauche en avant, et que Schmettau renouvelle l'attaque contre le village de Hassenhausen.

La division Friant a pris position à droite de Gudin; la division Morand s'avance au pas de course. Cependant les échelons de Wartensleben, composés chacun de deux bataillons déployés, s'avancent précédés d'une nombreuse cavalerie ; le 12e de ligne est rejeté de l'autre côté de la route, mais le 85e, bien que refoulé par les troupes de la division Schmettau jusque dans l'intérieur du village, en barre le passage avec une invincible fermeté, répondant par un feu continu et adroitement dirigé à la masse épouvantable des feux prussiens. Le général Schmettau, le duc de Brunswick sont tués, le maréchal Mollendorf est blessé à mort ; la lutte cependant continue. Enfin paraît Morand. Chacun des neuf bataillons dont se compose la division de ce général débouche sur le plateau sous la mitraille de l'artillerie prussienne. Le 13e léger paraît le premier, se forme et se porte en avant ; comme il s'est trop laissé emporter par son ardeur, il est obligé de se replier, mais il est recueilli par le 61e, qui vient de se former et reporté en avant. Les neuf bataillons achèvent de se déployer, et marchent en colonnes serrées par bataillon, la droite en tête, les colonnes à intervalles de déploiement les unes des autres. Ils se posent en flanc de la division Wartensleben, dégagent Hassenhausen et font reculer la division prussienne.

Après une assez longue fusillade entre la ligne prussienne et la ligne française, car les colonnes de Morand viennent de se déployer, la cavalerie prussienne, forte de quatorze mille cavaliers passant à travers les intervalles des bataillons de Wartensleben, se précipite sur les troupes de Morand.

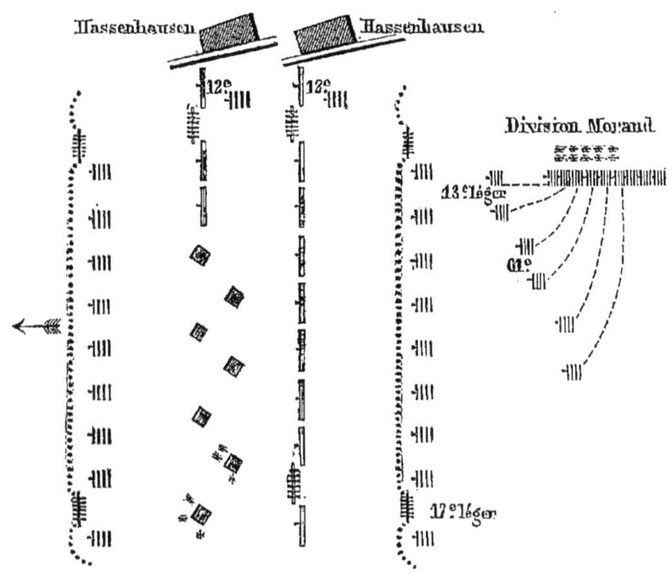

Le général Morand, à l'aspect de cette masse énorme de cavalerie, dispose sept de ses bataillons en carrés, et en laisse deux déployés pour se lier à Hassenhausen. Les rangs de l'infanterie de Wartensleben s'ouvrent et vomissent les torrents de la cavalerie prussienne. Cette redoutable cavalerie entreprend une série de charges furieuses. Chaque fois les fantassins français laissent venir les escadrons ennemis à bonne portée, exécutent des décharges meurtrières, et si justes, qu'ils abattent des centaines d'hommes et de chevaux et se créent ainsi un rempart de cadavres. La cavalerie prussienne, découragée, finit par se retirer sans avoir pu enfoncer un seul carré.

Morand reforme sa ligne, ploie tous ses bataillons

en colonnes d'attaque couvertes par des nuées de tirailleurs, et culbute la division Wartensleben dans le ruisseau. Pendant ce temps la division Friant gagnait du terrain à droite, et répandait même des bandes innombrables de tirailleurs dans la forêt qui avoisine Eckatersberg. Les deux divisions prussiennes de réserve essayèrent en marchant par leur gauche de tenir tête à la division Friant; mais, constamment débordées, elles durent se borner à couvrir la retraite de l'armée prussienne après la prise de Tauchwitz et l'établissement de l'artillerie française sur le Sonnenberg. Le général Friant avait une ligne très-étendue à conquérir et à conserver ; il se servit avec avantage de tirailleurs en grande bande soutenus par des bataillons en colonne d'attaque.

Comme nous pouvons le remarquer, les Prussiens marchent par ligne par la gauche ou par la droite, se forment en bataille par le mouvement de : à droite ou à gauche en bataille, ou par celui de : sur la droite ou sur la gauche en bataille. Ils attaquent par échelons composés de deux ou trois bataillons déployés ; aucun tirailleur ne couvre la marche de ces échelons, les fantassins prussiens ne savent répondre au feu bien ajusté des innombrables tirailleurs français que par des feux de rang.

Au contraire, les Français marchent en colonne serrée par division, se déploient par un mouvement en éventail, à la suite duquel la ligne est formée de bataillons en colonne serrée à intervalle de déploiement. De nombreux tirailleurs précèdent les colonnes. Puis la ligne s'arrête, les bataillons se déploient, les tirailleurs rentrent, la ligne marche à la baïonnette, mais au préalable les colonnes d'attaque se sont formées par bataillon à intervalle de déploiement et les tirailleurs ont repris leur action meurtrière, tirailleurs très-nombreux se glissant partout, s'abritant de tout, évitant les coups ennemis, et semant la mort et la désolation par leurs feux continus et bien ajustés. Les colonnes d'attaque appuient le mouvement et l'action des tirailleurs, colonnes excessivement maniables et pouvant à tout instant changer leur direction primitive pour s'abriter derrière un pli de terrain, pour tourner une portion de la ligne ennemie, pour se porter à l'attaque d'un village. Ces colonnes ont en outre l'avantage d'être toujours prêtes à résister aux irruptions subites de la cavalerie ennemie.

Le résultat de la lutte ne pouvait être douteux. Un mois après le début de la campagne, toute l'armée prussienne était prise ou tuée, et la monarchie du grand Frédéric livrée aux mains des arrière-petits-neveux des soldats qui avaient été si mal dirigés aux champs de Rosbach.

Cependant une nouvelle campagne commençait, et la guerre était portée en Pologne. L'armée prussienne n'existait plus, mais l'armée russe venait encore une fois tenter le sort des combats. L'Empereur avait pensé avec raison qu'il était préférable d'aller combattre les Russes à Varsovie, au milieu d'un peuple ami, que de les attendre en Prusse, où le moindre revers pourrait faire soulever contre lui les populations.

Avant de décrire les grandes manœuvres d'Eylau et

de Friedland, retraçons en peu de mots les opérations qui précédèrent ces sanglantes journées.

Il s'agissait de franchir la Narew et de refouler la division russe Tolstoy, qui occupait Czarnowo.

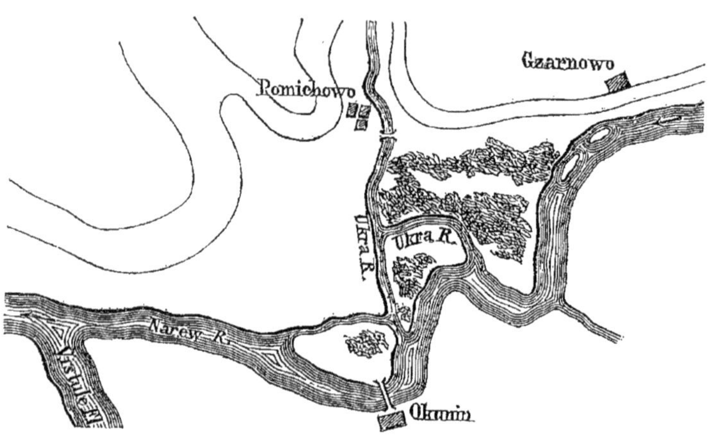

Voici les dispositions que l'Empereur dicta au chef d'état-major du 3e corps (maréchal Davoust) :

« La division Morand passera dans l'île, et se formera le plus loin possible de l'ennemi. Tout ce qui appartient à la division Gudin restera dans la tête de pont, ne devant participer en rien à l'attaque, et demeurer en réserve. On formera deux bataillons avec les huit compagnies de voltigeurs de la division Morand, ce qui, avec le bataillon du 13e léger, formera trois colonnes. Ces trois colonnes se porteront dans le plus grand silence sur les trois extrémités du canal, et s'arrêteront au milieu de l'île, de manière à être hors de portée de fusillade ; elles auront chacune derrière elles trois pièces de canon. Chaque colonne détachera ses pièces escortées par une compagnie de voltigeurs. Ces compagnies commenceront la fusillade, en se couvrant au moyen des haies. Pendant ce temps, les officiers d'artillerie placeront leurs batteries et tireront à mitraille sur les bataillons et les troupes que l'ennemi ne manquera pas d'opposer au passage. Sous la protection de cette artillerie on jettera les ponts, les trois colonnes passeront, et du moment qu'elles seront placées, trois piquets de chasseurs à cheval, chacun de soixante hommes, passeront pour charger l'ennemi, le gagneront de vitesse, et feront des prisonniers; le 17ᵉ suivra immédiatement après, se mettra en bataille, laissant entre chaque bataillon un intervalle de vingt-cinq toises en arrière duquel seront placés trois escadrons de cavalerie légère. Le reste de la division Morand passera après et se formera en arrière.

« Cette division se portera ensuite droit sur Czarnowo pour attaquer la gauche du camp russe, tandis que le général Petit, avec une partie de la troisième division, passera la Wkra au même point que la division Morand, remontera la rive gauche, et viendra s'emparer des retranchements russes élevés sur leur droite vis-à-vis Pomichowo. Pour seconder cette dernière opération, six pièces de douze, placées sur les hauteurs en avant de Pomichowo, battront en flanc l'aile droite, que le général Petit doit attaquer de front.

Napoléon fait allumer de grands feux de paille mouillée pour masquer le point précis du passage. Le capitaine Perrin, avec trente tirailleurs d'élite et deux pièces de canon, remonte la rive droite de la Wkra. A sept heures du soir, le 23 décembre 1806, deux compagnies de voltigeurs se jettent dans des bacs amenés par le génie, et franchissent la rivière : les ponts sont jetés, et tout s'exécute comme l'avait prescrit l'Empereur. Un clair de lune admirable éclaire la marche des colonnes françaises, qui manœuvrent avec un ordre parfait. Le 13e léger et les voltigeurs se dispersent en tirailleurs en grande bande soutenus par les régiments de Morand, 17e en tête, qui s'avancent en colonnes d'attaque. Les Russes reviennent trois fois à la charge, mais en vain : tournés par l'audacieuse attaque du général Petit et inquiétés par le feu du capitaine Perrin, qui les prend à revers, ils se mettent en retraite vers deux heures du matin.

La mauvaise saison sauva les Russes, et au lieu d'une de ces foudroyantes batailles par lesquelles l'Empereur écrasait ses adversaires et terminait la série de ses marches, les Français ne purent livrer qu'une suite de combats peu décisifs, mais où leur ennemi fit des pertes nombreuses.

A Pultusk, le maréchal Lannes se trouve en présence de forces considérables ; il adopte l'ordre demi-plein pour sa première ligne.

La colonne de droite fut tournée par sa gauche, mais la colonne du centre rétablit le combat. La division Gazan, par sa position au bord du bois, faisait supposer à l'ennemi l'arrivée et la présence de forces nombreuses, tandis que Lannes avec sa première division payait d'audace. Enfin, grâce aux charges des dragons de Becker, et surtout à l'arrivée de la division Gudin sur la gauche, les Russes purent enfin être acculés à la rivière.

Le général d'Aultanne, qui commandait par intérim

la division Gudin, adopta un ordre d'attaque remarquable par sa nouveauté.

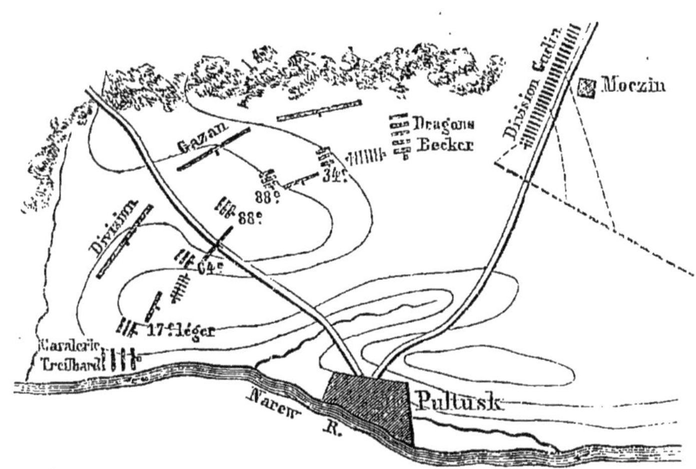

Arrivé à hauteur de l'angle formé par la droite des Russes et leur centre, sur la route de Moczyn à Pultusk, il fait changer de direction à droite, déployer la colonne, qui forme ainsi une ligne oblique dans le flanc des

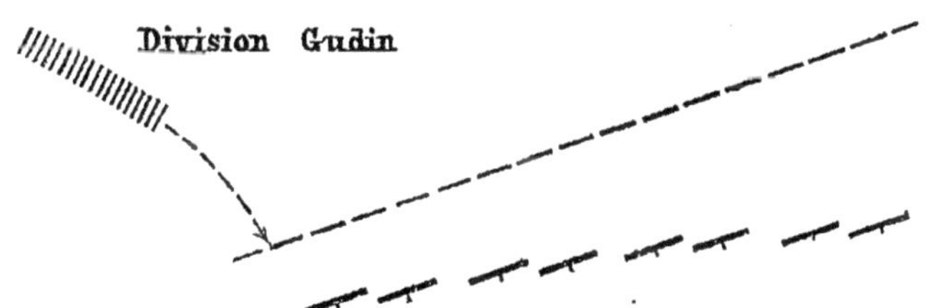

Russes; puis il lance à l'attaque ses troupes fractionnées en échelons par demi-bataillon à cinquante pas de distance, l'aile gauche en avant.

Bataille d'Eylau.

La veille de la bataille, l'Empereur fait enlever la

position d'Eylau, ne voulant pas, en prévision d'une bataille, laisser ce point d'appui à l'armée russe. Les Russes se replient au delà d'Eylau.

A la pointe du jour, les Russes sont rangés sur deux lignes fort rapprochées l'une de l'autre, leur front couvert par trois cents bouches à feu disposées sur les parties saillantes du terrain. En arrière deux colonnes serrées appuient les ailes de cette double ligne : une forte réserve d'artillerie est placée à quelque distance. La cavalerie se trouve partie sur les ailes et partie en arrière de la ligne de bataille.

Les Français sont en ordre mince ; le maréchal Soult derrière les maisons d'Eylau, le cimetière et le mamelon du moulin. La division Saint-Hilaire, la droite à Rothenen, est rangée sur deux lignes déployées. Entre Rothenen et Eylau se tient le corps du maréchal Augereau, rangé sur deux lignes déployées. En arrière la garde et la cavalerie : l'artillerie sur le front.

En attendant l'arrivée des corps du maréchal Davoust sur la droite, et du maréchal Ney sur la gauche, une effroyable canonnade s'engage.

Les Russes se fatiguent les premiers de ce genre de combat et s'avancent à l'attaque de la ville et du moulin : ils sont repoussés.

Le corps de Davoust paraît vers Serpallen, la division Friant en tête.

Ce général, usant avec intelligence des avantages que lui offrent les lieux, range ses régiments derrière les longues et solides barrières en bois employées pour parquer les troupeaux.

L'infanterie et la cavalerie russes sont accueillies par

un feu nourri de ces régiments qui ont pu s'étendre, n'ayant rien à craindre de la cavalerie : à l'extrême droite, cependant, le 33e est formé en carré.

Le général Friant lance alors en avant une nuée de tirailleurs qui, profitant avec adresse des moindres accidents de terrain, vont fusiller les Russes sur leurs flancs et les obligent à se replier sur les hauteurs en arrière de Serpallen.

Exemple du judicieux emploi des tirailleurs en grande bande, utiles quand ils n'ont rien à craindre de la cavalerie. La division Morand débouche en colonne serrée et se place autour de Serpallen, une brigade à gauche sur deux lignes déployées, une brigade en réserve derrière la droite du village: nouvel exemple de l'ordre par brigades ayant chacune un but distinct.

La division Gudin se forme à droite de Friant, l'infanterie est sur deux lignes.

Nous ne nous étendrons pas davantage sur cette bataille, car nous devons y revenir pour raconter la destruction du corps du maréchal Augereau, qui, par une première déviation de la tactique française, avait formé deux colonnes serrées de ses divisions, ce qui fut cause de son désastre.

Comme dernier acte de cette sanglante bataille, nous voyons à Schmoditten le 6e léger et le 39e repoussant la dernière attaque des Russes. Ces deux régiments laissent approcher l'ennemi, puis l'accueillant par un feu à bout portant, l'arrêtent net : ils courent ensuite sur les grenadiers russes à la baïonnette et les obligent à la retraite. Cette manière d'agir a toujours réussi à l'infanterie.

Nous terminerons ce chapitre en donnant la formation des divisions du maréchal Ney, qui est chargé d'enlever la ville de Friedland le jour de cette mémorable journée.

Ney se porte à l'attaque en échelons, l'aile droite en avant: le premier échelon est formé par la division Marchand ; elle est rangée sur deux lignes de colonnes d'attaque par bataillon. La deuxième ligne suit la première et se conforme à tous ses mouvements. Des nuées de tirailleurs précèdent les colonnes de la première ligne. La division Bisson, formant le deuxième échelon du corps du maréchal Ney, est rangée dans le même ordre.

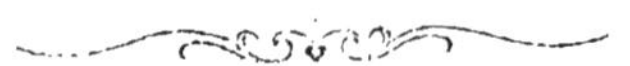

CHAPITRE VII.

1809 à 1815. — Les puissances de l'Europe adoptent la tactique française ou perpendiculaire.

Nous venons de suivre les formations tactiques de l'armée française dans cette période mémorable. L'infanterie combat par petites masses composées d'un bataillon tantôt déployé, tantôt en colonne d'attaque, en colonne serrée ou éparpillé en tirailleurs en grande bande. Les bataillons sont toujours à intervalles de déploiement.

Les soldats qui composent cette infanterie sont braves et aguerris. On ne craint pas de les étendre devant une forte artillerie; mais la guerre d'Espagne a englouti la grande armée, et les guerres d'Allemagne et de Russie ne vont plus avoir lieu qu'avec des jeunes gens enfermés dans des cadres admirables ; mais ces jeunes soldats, braves sans doute, sont impressionnables, et peu affermis contre les circonstances si diverses du champ de bataille; il va falloir souvent les maintenir, même sous le canon, en masses épaisses propres à résister à tous les chocs de la cavalerie : en outre, les armées vont prendre des proportions si colossales que les escarmouches des guerres nouvelles vont ressembler aux batailles des guerres passées. On va agir par masses profondes et compactes, marchant résolûment et droit au but. L'artillerie, réunie en grandes batteries, protégera la marche des colonnes, et la cavalerie formée en gros corps sillonnera sans cesse le champ de bataille. Cependant la tactique des colonnes de bataillon avec intervalles sera encore employée dans presque tous les cas et toujours avec succès.

Toutes les puissances étrangères se recueillent, modifient leur tactique, adoptent les tirailleurs, les masses de bataillon à intervalles de déploiement et changent complétement leur organisation. Plus d'ordre immuable sur deux lignes, la cavalerie aux ailes, mais bien des divisions groupées en corps d'armée, et se formant suivant le terrain.

Dans l'ordre moral, le changement n'est pas moindre. La Prusse la première renverse toutes les barrières qui empêchaient le simple soldat de parvenir, et prépare en silence l'armée nationale qui doit venger ses revers.

L'archiduc Charles, en Autriche, réforme l'armée impériale, adopte les usages français. Tous apprennent la guerre à l'école de leurs ennemis, tous profitent de leurs défaites, reconnaissent leurs fautes, s'appliquent à les réparer, tandis que l'infanterie française perd en qualité par suite du départ, pour l'Espagne, des invincibles bataillons qui avaient triomphé sur tant de champs de bataille.

1809. L'armée autrichienne venait de franchir la frontière bavaroise et marchait droit au Danube à travers un pays montueux et boisé, coupant en deux les rassemblements déjà commencés de l'armée française. Le maréchal Davoust sut, à Tengen, par l'énergie de ses dispositions, rejoindre son armée, dont il vint former l'aile gauche.

Le combat de Tengen, plus connu sous le nom de bataille d'Abensberg, est très-remarquable.

Bataille d'Abensberg.

Lorsque le maréchal Davoust reçut, le 18 avril, l'ordre de rejoindre, il se trouvait aux environs de Ratisbonne avec quatre divisions d'infanterie, une division de cuirassiers et une de cavalerie légère. Il s'agissait de venir vers Abensberg, former la gauche de l'armée française, qui se réunissait en avant d'Ingolstadt, le long de la forêt de Durnbach. Le maréchal emploie toute la journée du 18 à rallier ses troupes et à faire exécuter des reconnaissances dans tous les sens par la cavalerie légère. La situation était délicate : il se trouvait entre les Autrichiens du corps de Bellegarde, placés sur la rive gauche du Danube, et les cent mille hommes du prince Charles venant de Landshut par Eckmühl. Davoust réserve la route qui longe le Danube pour ses bagages et ses gros charrois ; il les place sous la garde d'un bataillon d'infanterie, qui d'avance va occuper les passages principaux. Montbrun, avec ses quatre régiments de cavalerie légère et deux bataillons du 7ᵉ léger, se porte droit sur l'archiduc par la route d'Eckmühl ; sa mission est de couvrir la marche du corps d'armée. Les deux divisions Friant et Gudin, formant une première colonne, précédées et suivies par les cuirassiers Saint-Sulpice, marchent par Burg-Weiting, Volkering, Saalhaupt, Oberfeking. Les deux divisions Saint-Hilaire et Morand formant une seconde colonne, précédées et suivies des chasseurs de Jacquinot, marchent par Oberisling, Gebraching, Peising, Tengen, Unterfelking.

Ces deux colonnes doivent rejoindre à la sortie du défilé d'Abach la colonne des bagages, et déboucher vis-à-vis d'Abensberg, à proximité des Bavarois. La division Montbrun, après avoir servi de rideau, viendra se rabattre à droite et gagnera le point de rendez-vous assigné au corps d'armée. Le 65e est chargé de barricader et de défendre Ratisbonne jusqu'à la dernière extrémité.

Le maréchal se met en mouvement le 19 au matin. En même temps l'archiduc s'ébranlait dans un ordre de marche à peu près semblable. Deux colonnes d'infanterie, l'une composée du corps de Hohenzollern, l'autre du corps de Rosemberg, quittaient le camp de Rohr et s'avançaient à travers les hauteurs que franchissaient les Français. La première marchait par Gross-Muss, Hansen, Tengen; la seconde par Schneidart, Saalhaupt. La brigade légère Vecsay et une masse considérable de cavalerie s'avançaient par Eckmühl vers Ratisbonne : toutes ces colonnes d'infanterie marchent par demi-section ou section suivant la largeur des chemins.

La moitié de chaque colonne française passe sans encombre et vient déboucher vers Ober et Unter-Feking. La division Saint-Hilaire, seconde moitié de la deuxième colonne, débouchait à son tour de Tengen quand elle aperçut les tirailleurs de Hohenzollern. Cette division était composée du 10e léger des 3e, 57e, 72e et 105e régiments de ligne ; ces régiments, tous à trois bataillons, se suivaient dans l'ordre de leurs numéros.

Selon la tactique linéaire, le déploiement de cette division aurait eu lieu de la manière suivante :

Pendant que le 10e léger se serait formé en avant en bataille, les autres régiments, faisant tête de colonne à droite, seraient venus former deux lignes déployées en arrière ou à droite du 10e léger. Suivant notre ancienne théorie, pendant que les premières compagnies du 10e léger répandues en tirailleurs auraient tenu tête aux tirailleurs autrichiens, la colonne aurait formé les pelotons, puis les divisions ; elle aurait ensuite serré sur sa tête, et déployé par bataillon en masse à vingt-quatre pas d'intervalle les uns des autres, et aurait enfin déployé les masses sur une ou deux lignes.

Que de chances pour être refoulé dans le défilé d'où on cherchait à sortir !

Voici comment se fit ce déploiement : le premier bataillon du 10e léger pousse le long de la route ; il est formé en colonne serrée, précédée de nombreux tirailleurs. Le deuxième bataillon vient se placer à sa droite à intervalle de déploiement et dans le même ordre. Le troisième se porte à gauche ; l'ordre des bataillons est interverti. Les trois bataillons s'attendent, se forment rapidement et s'avancent en ligne de colonnes par bataillon repliant devant eux les tirailleurs autrichiens.

Le 3e de ligne a franchi le défilé ; il se forme en une colonne serrée et marche vers la droite du 10e léger ; le

57e se porte à gauche ; le 3e s'avance rapidement en chargeant ses armes sous le feu, mais il a attaqué avec trop de précipitation et avant d'avoir eu le temps de se former : il ne réussit pas et est obligé de se replier sous une pluie de mitraille. Le 57e, qui venait de former ses colonnes d'attaque, se porte en avant du 10e à gauche du 3e et repousse l'ennemi des mamelons qu'il occupait. Le 3e profite de ce mouvement pour déployer ses bataillons en éventail à distance de déploiement ; il peut alors appuyer l'attaque du 57e. En seconde ligne se trouve, au centre, le 10e léger, à droite le 72e et à gauche le 105e.

Ainsi le 1er régiment a donné droit devant lui et a protégé le déploiement du reste de la division ; le 2e régiment est venu se former à droite, le 3e à gauche, tous deux en première ligne dépassant le 1er régiment, qui est devenu centre de la deuxième ligne. Le 4e régiment s'est placé à droite, et le 5e à gauche du 1er régiment.

Le général Friant entre en ligne.

Le 3e et le 57e de la division Saint-Hilaire ayant épuisé leurs munitions sont remplacés par les 72e et 105e. Voilà un exemple d'un relevé de ligne. Le général Saint-Hilaire met fin à la lutte en faisant porter le 10e léger en avant. Ce régiment dépasse les 72e et 105e, et charge sans tirer un coup de feu. La ligne française appuie tout entière ce mouvement, et les Autrichiens sont obligés de battre en retraite. Telles furent les manœuvres fort remarquables du combat d'Abensberg.

A la journée d'Eckmühl, les divisions Saint-Hilaire et

Friant se portent à l'ennemi en colonnes d'attaque à intervalle de déploiement ; elles sont, comme toujours, couvertes par une chaîne épaisse de tirailleurs. A l'extrême gauche même, le 48e et le 111e sont presque en entier dispersés en tirailleurs ; mais sur ce point, l'on se bat au milieu des bois qui bordent le champ de bataille.

Au combat de Neumarck, nous trouvons un déploiement approprié au terrain et un passage de défilé en retraite ; mais ici la pratique est encore opposée à la lettre de l'ancienne théorie qui fait passer le défilé par les deux ailes.

Il s'agit d'arrêter les Autrichiens acharnés à la poursuite de la division bavaroise de Wrède. Le général Molitor débouche avec ses trois régiments, 2e, 16e et 37e, et traverse la Roth sur un pont de chevalets. Apercevant à gauche une hauteur boisée d'où l'on pouvait protéger la retraite, il se hâte de l'occuper avec le 2e de ligne et l'enlève aux Autrichiens qui s'y étaient établis, puis il range à droite les 16e et 37e ; ces régiments sont déployés.

Les feux de la division Molitor arrêtent les Autrichiens et permettent aux Bavarois de repasser la Roth ; puis les 37e et 16e suivent le mouvement, protégés par les charges furieuses que le 2e fait à la baïonnette pour arrêter l'ennemi. On passe donc le défilé en arrière par l'aile droite.

A la deuxième journée d'Essling, l'Empereur, ayant enfin réuni des forces suffisantes, veut percer le centre autrichien composé du corps de Hohenzollern (22 bataillons sur deux lignes de colonnes serrées par bataillon à intervalle de déploiement). Il donne l'ordre au maréchal Lannes de se porter en avant avec les trois divisions du général Oudinot. Le maréchal s'avance sur Breitenlée par échelons, l'aile droite en avant : chaque échelon est formé d'une division en colonnes serrées par régiment. Les divisions Saint-Hilaire, Tharreau et Claparède s'avancent ainsi : le 57e, qui forme la droite de la division Saint-Hilaire, marche au pas de charge, et force les Autrichiens à plier ; les autres régiments appuient le mouvement, s'arrêtant pour faire feu, s'avançant de nouveau, et gagnant du terrain, lorsque la rupture des ponts force Napoléon à arrêter ses troupes et à les faire revenir. Les divisions Tharreau et Claparède souffrent cruellement du feu de l'artillerie autrichienne, parce que dans le mouvement de retraite on n'a pas osé déployer des troupes aussi jeunes.

A la bataille de Raab l'armée attaque par échelons de division ; chaque division est formée sur deux lignes de bataillons en colonne à intervalles de déploiement : les Autrichiens se replient par lignes de bataillons en colonne serrée à intervalle de déploiement : ces petites masses résistèrent assez bien aux charges furieuses de la cavalerie française.

La bataille de Wagram présente des formations remarquables et des déviations de l'ordre ordinaire que prennent les divisions.

L'armée, le 5, est formée sur deux lignes, Masséna à gauche, Oudinot au centre, Davoust à droite; en deuxième ligne en allant de la gauche à la droite, nous trouvons Bernadotte, Marmont et de Wrède, l'armée d'Italie; la garde et les cuirassiers en arrière, le gros de la cavalerie aux ailes. Chaque corps d'armée est lui-même rangé sur deux lignes; les divisions qui le composent, les unes à côté des autres. Les divisions ont débouché en colonne serrée; puis les brigades, les régiments également en colonne serrée ont déboîté de la colonne. Enfin les bataillons en colonne serrée par division se sont formés sur deux lignes à intervalle de déploiement.

L'ordre est de se former sur deux lignes de bataillons à intervalle de déploiement (Pelet); le déploiement est protégé par une immense artillerie.

Le centre autrichien paraissant faible, l'Empereur, bien que la journée fût avancée, se décide à faire emporter Wagram, qui couvrait le centre ennemi. Ici se fit sentir l'inconvénient d'agir avec des masses énormes, avec des troupes jeunes et de nations diverses, inconvénient d'autant plus considérable qu'il fallait agir sur de grands espaces et à la tombée de la nuit.

L'armée d'Italie, que sa position amenait naturellement à essayer la première attaque, était encore en colonne serrée par divisions d'armée, les ordres donnés n'ayant pas été exécutés. Le passage du Rusbach mit du désordre dans les colonnes, l'artillerie ne put suivre. Les Autrichiens reçoivent l'attaque en ligne de colonnes serrées par bataillon à intervalle de déploiement. Ces bataillons formaient une ligne de bataille en arrière de leurs baraques; de nombreux tirailleurs blottis derrière cet abri faisaient un feu très-vif sur les assaillants. La division Dupas, sans rien changer à son ordre de marche, réussit néanmoins à percer ce rideau et à enfoncer la ligne ennemie. A droite, les divisions Grenier et Lamarque, formant chacune une colonne serrée, franchissaient à leur tour le ruisseau ; mais la tête de colonne de Grenier ayant fait feu sur les derniers bataillons de la division Dupas composés de Saxons, il y eut une panique qui finit par faire abandonner l'attaque.

Nous devons remarquer ici que ces grosses colonnes n'étaient que des colonnes de marche et non de combat : aussi ne réussirent-elles pas. Ce sont ces faux principes qui, appliqués sur d'autres théâtres de guerre, finirent par amener la ruine de l'empire français.

Bataille de Wagram.

Le 6 au matin l'armée est rangée dans la vaste plaine de Wagram.

Le premier acte de la bataille est la retraite de Bernadotte, qui se replie en arrière d'Aderklaa ; il le fait en désordre, poussé par Bellegarde et la réserve des grenadiers.

Les Autrichiens sont formés sur deux lignes de bataillons en colonne serrée à intervalle de déploiement ; la première ligne est couverte par une nuée épaisse de tirailleurs. C'est tout à fait la tactique française.

Masséna est porté au secours des Saxons. Les divisions de l'illustre maréchal étaient rangées sur une seule ligne de bataillons en colonne serrée à intervalle de déploiement.

Après le combat qui se livre autour d'Aderklaa, le corps de Masséna reçoit ordre de se porter vers la gauche, pour arrêter le mouvement des Autrichiens qui débordent le flanc gauche des Français. Les trois divisions du maréchal Masséna opèrent une marche de flanc remarquable. Les bataillons formant une longue colonne marchent serrés en masse à intervalle de déploiement; les cuirassiers Saint-Sulpice couvrent d'abord ce mouvement; mais, décimés par les boulets autrichiens, ils viennent se former en seconde ligne sur le flanc intérieur de la colonne d'infanterie. La cavalerie autrichienne s'approche souvent de la tête et des flancs de la colonne; alors l'infanterie française s'arrête et se forme en carrés pleins par bataillon; aussitôt que la cavalerie ennemie s'est éloignée, la colonne reprend sa marche. En vain les troupes de Kollowrath et de Klenau cherchent-elles à s'opposer à ce mouvement, l'artillerie de Masséna protége la marche de son infanterie, en prenant des positions successives, et les cuirassiers Saint-Sulpice chargent avec vigueur les bataillons autrichiens mitraillés.

Ce mouvement d'infanterie, un des plus remarquables des guerres françaises, s'effectue ainsi en deux heures. Lorsque la tête de la colonne arrive en face d'Essling, Legrand attaque ce village par la gorge avec le 26e léger et le 18e, tandis que la seconde brigade placée en tête s'élance droit devant elle.

C'est le moment où les troupes de Davoust et la colonne de Macdonald ont produit leur effet. Les Autrichiens plient, les bataillons de Masséna font face à l'ennemi par une simple conversion à droite des bataillons; ils s'avancent ensuite, formant une ligne de colonnes serrées par bataillon à intervalle de déploiement; les bataillons sont précédés d'une nuée de tirailleurs, là où la cavalerie de Lasalle ne donne pas.

Ce mouvement de flanc offrait toutes les garanties désirables de simplicité, de mobilité et de consistance devant un ennemi nombreux et une cavalerie entreprenante. Quelle différence avec les marches de flanc de Frédéric ! ici chaque bataillon est indépendant; c'est le soldat de la tactique nouvelle concourant à la formation des lignes de bataille, aidant les bataillons voisins, mais

Marche de flanc du maréchal Masséna.

aussi manœuvrant pour son propre compte, ayant enfin une existence propre, ce que l'on chercherait inutilement dans la tactique linéaire.

A l'extrême droite, nous trouvons les troupes du maréchal Davoust formées de la manière suivante : après le passage du Rusbach, Friant s'est formé en colonnes serrées par régiment ; Morand sur deux lignes de bataillons en colonne à intervalle de déploiement.

A gauche, Gudin franchit le Rusbach; sa première brigade, formant une seule colonne serrée, attaque le long de la route qui mène à Neusiédel; la deuxième brigade se forme sur une ligne de colonnes d'attaque. Plus à gauche, la division Puthod marche en deux colonnes serrées ; chaque colonne est formée par une brigade ; toutes ces colonnes sont couvertes et reliées par une chaîne épaisse de tirailleurs.

Les bataillons du prince de Rosenberg, formés sur

une ligne de bataillons en colonne serrée, opèrent leur retraite en échiquier.

Le corps du général Oudinot était formé sur trois lignes de bataillons en colonne serrée à intervalle de déploiement: seulement, chaque division formait une ligne.

Cette formation nous semble avoir l'inconvénient de mêler les soldats de plusieurs divisions, de les enlever à leurs chefs directs, et de donner la facilité de se retirer à ceux qu'un sentiment bien ferme du devoir ne retient pas dans le rang. Les généraux divisionnaires ont une ligne trop étendue à surveiller et sont privés de toute ressource au cas où leur ligne viendrait à fléchir. Le but du général Oudinot eût été tout aussi bien atteint s'il avait rangé à droite la division Tharreau sur deux lignes de colonnes d'attaque, à gauche la division Frère dans le même ordre, la division Grand-Jean formant la réserve.

Nous remarquerons que les formations d'attaque de l'infanterie française deviennent plus profondes: on semble moins compter qu'autrefois sur l'intelligence et la fermeté du soldat.

L'armée autrichienne a décidément abandonné les formations de l'ancienne tactique et a adopté dans toute sa pureté l'ordre français, c'est-à-dire les lignes en colonne serrée par bataillon à intervalle de déploiement précédées de nombreux tirailleurs.

1812.

Nous arrivons à la campagne de Russie. — Il serait intéressant d'étudier l'armée sous le rapport de l'organisation, des marches, de l'administration surtout; mais nous croyons devoir nous renfermer dans notre cadre, qui ne comprend que la tactique.

Pendant cette célèbre campagne, les combats qui précédèrent la bataille de la Moskowa furent bien menés par les Français. A Mohilew le maréchal Davoust range derrière le pont de Saltanowka le 85e de ligne déployé, en seconde ligne le 108e régiment à 5 bataillons; en arrière et à droite il échelonne le 61e, puis en réserve sont placés les 57e et 111e, le reste de ses troupes est plus en arrière. Les Russes attaquent en masses compactes; les Français, bien embusqués, les arrêtent, et les bataillons de la seconde ligne formés en colonne d'attaque culbutent ceux qui avaient franchi la Michowska. Les grenadiers et voltigeurs, lancés alors en tirailleurs aux deux ailes, passent la rivière, s'enfoncent dans les bois et prennent en flanc les divisions russes qui se retirent.

L'ordre en ligne de colonnes d'attaque par brigades accolées est encore employé à Polotsk. A la bataille de la Moskowa, l'armée française était rangée, pendant la nuit qui précéda la bataille, sur deux lignes ; chaque division avait une brigade en première ligne et une brigade en deuxième ligne. Le jour de la bataille, l'attaque commence à l'extrême droite par la division Compans, qui marche sur deux lignes de colonnes d'attaque à intervalle de déploiement. Nous n'entrerons pas dans les détails de cette bataille, qui finit par dégénérer, après la prise de la grande redoute, en une lutte sanglante et confuse à la baïonnette, et enfin en une canonnade terrible ; l'infanterie française se couche derrière les ouvrages conquis, derrière les moindres plis de terrain, tandis que 400 bouches à feu trouent les masses russes.

1813.

Après la désastreuse retraite de Russie, nous retrouvons les Prussiens en face de nous. Eux aussi avaient fait de sérieuses réflexions après le désastre de 1806 ; non-seulement ils avaient changé leur mode d'avancement, mais encore ils avaient abandonné leurs anciennes méthodes tactiques et adopté les principes les plus purs de la tactique française.

Le règlement de 1812 fit de la brigade, forte alors de 9 bataillons, la grande unité tactique; le corps d'armée prussien fut donc fractionné en brigades. Les troupes de chaque brigade durent entrer dans les deux lignes, la seconde ligne devenant, comme dans l'armée française, le soutien immédiat de la première, car, il faut le dire, le règlement de 1791 était bien en usage pour l'instruction des troupes françaises, mais les généraux n'y puisaient que des règles générales, Napoléon leur laissant la latitude la plus grande pour le choix des mouvements et des manœuvres. Sauf quelques exceptions bien rares, les divisions françaises se rangeaient en bataille sur deux lignes ; la seconde était le soutien immédiat de la première. Après les défaites de Lutzen et Bautzen, les modifications devinrent encore plus radicales en Prusse : le roi et le général en chef Blucher adressèrent des instructions aux généraux commandant les troupes, sur la manière de compléter la nouvelle instruction à donner à l'infanterie prussienne. Nous croyons devoir les reproduire en partie.

« De la façon dont notre adversaire emploie son infanterie, dit le roi de Prusse, il parvient à retarder et à nourrir longtemps l'action ; il s'empare des villages et des bois, se cache derrière des maisons, des buissons, dans des fossés ; il nous fait subir des pertes avec peu de troupes, quand nous avançons contre lui avec de grandes masses ; puis il relève ses troupes, en envoie de fraîches au combat, et si nous n'avons pas de notre côté des troupes fraîches à lui opposer, il nous faut fléchir. Nous devons donc tirer de là ce principe qui est celui de l'ennemi : ménager nos forces et nourrir le combat, jusqu'à ce que nous passions à l'attaque principale.....

« Au moyen des volontaires qui sont en grande partie armés de carabines rayées, les tirailleurs se sont multipliés. Nous devons les employer plus convenablement ; la supériorité des carabines sur les fusils consiste en ce qu'elles portent plus loin et plus juste ; la règle de guerre est donc pour les carabiniers de tenir l'ennemi à la distance de laquelle ils tirent avec certitude, et l'ennemi qui est armé de fusils avec incertitude. Envoyer toujours les tirailleurs en avant pour attaquer à la baïonnette les villages occupés par l'ennemi, est en général contraire à l'emploi de la carabine ; il faut les poster dans les bois, les placer dans des positions défensives, etc. » (Général Renard.)

Ainsi, la réforme était complète ; autrefois les combats de tirailleurs étaient l'exception, ils deviennent la règle. La force de l'infanterie consistait dans la rigidité des lignes formées de bataillons déployés, soudés, pour ainsi dire, les uns aux autres ; en 1813, l'infanterie prussienne se fractionne en brigades, par petites masses de bataillons en colonne, agissant isolément vers un but commun ; il n'y a plus d'autre ordre de bataille que celui prescrit par le terrain et par la position de l'ennemi.

De plus, le moral était revenu aux troupes ennemies après le désastre de Russie, et nous allions trouver des soldats décidés à vaincre et à réparer une défaite par une victoire ; cependant nous comptons encore de beaux moments pendant les campagnes de 1813 et 1814, et sans nul doute Napoléon, simple général, fût sorti triomphant de la lutte.

A Lutzen, nous trouvons les formations suivantes : des colonnes de régiment et bataillon, quelquefois des colonnes de brigade ; ces colonnes forment au besoin le carré par régiment ou par bataillon ; les colonnes de brigade deviennent colonnes de régiment par le déboîtement successif des régiments ; les régiments se déploient pour faire usage de leur feu, puis se reforment en colonne d'attaque, puis reviennent aux formations précédentes, suivant le besoin.

A Bautzen, la tactique est la même, et la première position des alliés est forcée, le 20 mai 1813, par des colonnes de brigade précédées de nombreux tirailleurs et soutenues par de fortes batteries d'artillerie ; le lendemain, il en est de même : seulement, les divisions du maréchal Ney, qui ont beaucoup de chemin à parcourir, marchent en colonnes par division d'armée ; à l'approche du point d'attaque, ces longues colonnes se subdivisent.

En face de la position des alliés, les colonnes françaises s'étaient déployées sur deux lignes de bataillons en colonne à intervalle de déploiement. Ces petites colonnes se déploient pendant la canonnade et se reforment ensuite en colonnes d'attaque prêtes à former le carré.

Ces précautions continuelles, prises pour résister aux irruptions subites de la nombreuse cavalerie des coalisés, n'empêchèrent pas le désastre de la division Maison à Haynau ; une grosse masse de cavalerie, placée en embuscade fondit sur cette division, avant qu'elle eût pu former ses carrés.

Les dispositions des alliés à la bataille de Dresde sont tout à fait françaises ; ils se déploient autour de Dresde sur deux lignes ; la première ligne est déployée, la deuxième est formée par bataillons en masse à intervalle de déploiement ; leurs attaques se font par lignes de bataillons en colonne serrée, précédés de nombreux tirailleurs.

A la bataille de Leipsick, les bataillons français étaient formés sur deux rangs ; cet ordre avait été donné quelques jours auparavant par l'Empereur lui-même ; à cette bataille de trois jours, les jeunes conscrits combattirent sur deux lignes déployées couvertes par l'artillerie.

En 1814, nous trouvons partout l'armée française pratiquant les principes les plus purs de la tactique moderne ; la cavalerie qui, en 1813, n'avait pu prendre que peu de part à la campagne à cause de sa faiblesse numérique, et qui s'était recrutée, fut admirable en 1814.

Nous ne citerons de cette campagne que le combat

de Fère-Champenoise, parce que ce combat présente l'exemple d'une lutte remarquable entre de l'infanterie et un peu de cavalerie du côté des Français, et une masse énorme de cavalerie et d'artillerie du côté des alliés.

Combat de Fère-Champenoise.

Le 25 mars 1814, l'avant-garde de l'armée alliée, composée de la cavalerie de Palhen (3,500 cavaliers et 12 bouches à feu), parut à la pointe du jour en face des bivouacs du maréchal Marmont, qui fit prendre les armes et prévint sur-le-champ le maréchal Mortier, campé à quelque distance sur sa gauche. Les deux maréchaux se mirent aussitôt en retraite vers Sommesous, où ils devaient se rejoindre. Le corps de Marmont comptait 5,000 fantassins, 2,300 cavaliers et 36 bouches à feu.

L'infanterie marche en bataille par petites masses de bataillons, couverte par la cavalerie, au milieu de cette vaste plaine. En ce moment, Dechteren (8 escadrons, 1 régiment de Cosaques) gagne la gauche de la ligne française; la cavalerie wurtembergeoise (2,000 cavaliers, 12 bouches à feu) déborde la droite, et Delianow (8 escadrons, 1 régiment de Cosaques), soutenu par les cuirassiers de Kretow (1,600 cavaliers, 12 bouches à feu), se présente de front, tandis que quatre régiments de Cosaques pénètrent entre le corps de Marmont et celui de Mortier non encore attaqué. Deux compagnies de voltigeurs que Marmont avait jetées dans Soude-Sainte-Croix, sont prises, et la cavalerie de Bordessoulle enfoncée. Marmont précipite son mouvement de retraite. Le corps de Mortier parvient à rejoindre le corps de Marmont vers Sommesous. Les deux maréchaux rangent leur infanterie derrière leur cavalerie. Mortier amenait 7,500 fantassins, 2,000 cavaliers et 30 bouches à feu.

La cavalerie de Palhen se déploie (20 escadrons russes, 6 escadrons wurtembergeois soutenus par les cuirassiers de Kretow, 16 escadrons). Les lignes françaises sont débordées à gauche par Deckterew et 4 régiments de Cosaques ; à droite par la réserve de cavalerie du prince Constantin (16 escadrons de cuirassiers de la garde, 12 bouches à feu), garde légère (24 escadrons, 12 bouches à feu), garde prussienne (6 escadrons, 8 bouches à feu), précédés de la division de cavalerie autrichienne (36 escadrons, 24 bouches à feu).

L'infanterie française, formée sur deux lignes de bataillons en colonne serrée à intervalles de déploiement, exécute un changement de front, l'aile droite en arrière ; la cavalerie déployée devant l'infanterie protége sa marche par des charges successives qu'appuie le feu de l'artillerie française.

Les maréchaux ne pouvaient s'arrêter sans se perdre, car les innombrables masses de l'armée alliée suivaient de près la cavalerie. Les petites masses françaises se replient en échiquier, et, jusqu'à midi, l'artillerie réussit à tenir la cavalerie ennemie à distance. Palhen, voyant l'effet produit par la marche de la cavalerie autrichienne, charge successivement par ligne; à la troisième charge, la cavalerie de Bordesoulle est enfoncée ; les cavaliers de Mortier essaient de prendre en flanc la cavalerie ennemie ; ils sont eux-mêmes ramenés par la deuxième ligne de l'ennemi ; enfin, le 8e chasseurs, débouchant par escadron, réussit à prendre le flanc de la cavalerie russe qui se retira à quelque distance.

Un orage mêlé de pluie et de grêle arrête un instant le combat. Les Français, parvenus sur le bord d'un ravin, se disposent à le franchir. Les brigades d'infanterie Jamin et Lecapitaine sont laissées à gauche de Vorrefroy sur un mamelon, pour couvrir le passage de la cavalerie qui venait encore une fois d'être refoulée. Les brigades françaises n'ont que le temps de se former en carré, les cuirassiers russes enfoncent deux des carrés de Jamin ; Ricard et Christiani, aux extrémités de la ligne, arrêtent la cavalerie ennemie et donnent aux escadrons français le temps de passer le ravin ; au milieu de la confusion qui trouble les jeunes troupes des maréchaux en cet instant critique, les Français perdent ou abandonnent 24 bouches à feu, 60 caissons et 1 bataillon d'équipages.

Cependant les corps des deux maréchaux parviennent à se reformer au delà du ravin : malheureusement ils sont toujours débordés par les masses de la cavalerie alliée ; celle du prince Constantin commence à entrer en action à gauche, tandis que Palhen gagne à droite la plaine de Fère-Champenoise ; ce mouvement, appuyé d'une charge de cuirassiers de Kretow, aurait eu les plus funestes conséquences, lorsque, heureusement, l'arrivée du 9e régiment de cavalerie de marche, placé en observation à Commantry, suspend un moment la marche de la cavalerie alliée. Les maréchaux profitent de ce moment de répit pour reformer leurs troupes, l'infanterie en lignes de bataillons en colonne, la cavalerie en partie déployée.

En ce moment, le canon grondait avec violence sur la gauche du champ de bataille ; les soldats pensant voir arriver l'Empereur reprennent courage ; les alliés inquiets suspendent le combat. Les maréchaux en profitent pour précipiter leur retraite vers Allemand, espérant y rallier la division Pacthod qu'ils avaient vue de loin se diriger sur Bannes.

En ce moment Pacthod, soutenant une lutte héroïque, finissait par succomber. Ce général, qui conduisait à l'Empereur 5,000 conscrits à peine habillés, se voyant entouré par l'ennemi, s'était mis en retraite, espérant se rallier au corps français qu'il avait appris se trouver dans les environs ; il essayait en même temps de sauver son convoi qui marchait sur la route sur quatre voitures de front, tandis que son infanterie couvrait la marche en se retirant en échiquier par bataillons en masse.

A Clamange, le général abandonne son convoi, double les attelages de son artillerie et essaye de rallier les maréchaux ; mais la cavalerie ennemie du général Korf lui coupe le chemin de Fère-Champenoise. Les bataillons de la 2e ligne française rompent leurs carrés et fondent en colonne d'attaque sur la cavalerie qu'ils parviennent à rompre ; mais Pacthod, désespérant de rejoindre les maréchaux, essaye de gagner les marais de Saint-Gond, et il allait peut-être réussir à sauver ses troupes, lorsque les princes alliés paraissent sur ce point suivis d'un masse considérable de cavalerie.

Dans ce moment suprême, Pacthod range ses jeunes soldats en cinq carrés, l'artillerie aux angles, et oppose une résistance héroïque ; mais 78 bouches à feu font taire les siennes, et ouvrent des brèches irréparables dans les carrés qui sont enfoncés ; un millier d'hommes parvint à se sauver dans les marais.

Les maréchaux avaient perdu 9,000 hommes dont 4,000 prisonniers et 46 bouches à feu, tandis que les alliés eurent seulement 5,000 cavaliers ou artilleurs pris ou mis hors de combat.

Telle fut l'issue désastreuse d'un combat ou 17,000 fantassins et 4,300 cavaliers se trouvèrent aux prises avec 26,000 cavaliers soutenus de 130 bouches à feu.

L'ordre adopté par l'infanterie française était le seul possible ; il fallait battre rapidement en retraite, mais cependant en ordre solide devant une cavalerie nombreuse soutenue d'une puissante artillerie ; il fallait ainsi parcourir une vaste plaine, résister à chaque instant, mais ne tenir que juste le temps nécessaire pour repousser les escadrons ennemis, car l'infanterie alliée suivait de près la cavalerie, et si elle fût arrivée, les Français étaient perdus.

Ainsi la formation sur deux lignes de petites masses se retirant en échiquier était la seule possible; une formation comme celle d'Isly eût peut-être permis de sauver les bagages, du moins un certain temps, mais ce carré eût été vite enveloppé et criblé en tous sens par les boulets ennemis; la cavalerie, en chargeant sa tête, eût arrêté sa marche et permis à l'infanterie d'arriver, si même elle n'eût pas réussi à l'anéantir avec l'aide seule de l'artillerie. L'infanterie française fit ce qu'il était humainement possible de faire, eu égard surtout à la faiblesse de sa composition. L'opinion de l'Empereur à cet égard doit trouver place à la suite de ce combat.

L'artillerie à cheval, dit-il, est le complément de l'armé de la cavalerie : 20,000 chevaux et 120 bouches à feu d'artillerie légère équivalent à 60,000 hommes d'infanterie ayant 120 bouches à feu. Dans les pays de grandes plaines comme l'Égypte, la Pologne, il serait difficile d'assigner qui finirait par avoir la supériorité.

On s'en convaincra si l'on songe à ce que fit Napoléon avec de la cavalerie à Vauchamps, à Nangis, etc.

Nous terminerons en observant que, en 1814, les petites masses de bataillons furent employées avec le plus grand succès, et l'emploi des tirailleurs réduit à de justes limites. Cependant, dans les pays coupés, dans les attaques de village, les tirailleurs en grande bande soutenus par quelques solides colonnes furent constamment employés ; il en fut ainsi à Montmirail. Mais quand paraissent les Prussiens sur la droite des Français, la division Michel, pour les recevoir, se forme sur deux lignes de bataillons en colonne à intervalle de déploiement ; la première ligne est couverte par quelques tirailleurs.

CHAPITRE VIII.

Fautes contre la Tactique.

Nous trouvons, à la bataille d'Eylau, une première déviation des principes qui avaient si bien réussi à l'infanterie française.

Le maréchal Augereau reçoit l'ordre d'attaquer avec ses deux divisions le centre russe. Pour se porter en avant, il forme ses troupes en deux colonnes serrées ; chaque colonne comprend une division entière. Pendant qu'elles s'avancent, une rafale de neige vint dérober aux soldats la vue du champ de bataille ; les têtes de colonne donnèrent trop à gauche, et vinrent essayer de se déployer en face d'une formidable batterie de 72 pièces de canon que les Russes tenaient en réserve et qu'ils démasquèrent à l'improviste. L'intention du maréchal était de déployer ses divisions sur deux lignes : la première en bataille, la seconde en ligne de colonnes d'attaque par bataillons ; mais la mitraille était si épaisse, que le déploiement devint impossible, et en un quart d'heure la moitié du corps d'Augereau fut abattue. Les états-majors sont cruellement décimés, et les 14e et 24e, têtes de colonnes des deux divisions, sont réduits à rien.

La cavalerie russe fond dans l'intervalle trop considérable qui existait entre ce corps et la division Morand, et ramène l'infanterie française qui se replie par pelotons au pied du cimetière.

Quelques auteurs prétendent que le maréchal Augereau déploya ses divisions après avoir franchi le débouché; s'il en eût été ainsi, les états-majors et les régiments têtes de colonne n'eussent pas autant souffert; et puis pourquoi former une colonne serrée d'une division dans le but de parcourir quelques centaines de mètres, pour plus tard se remettre en ligne, lorsqu'à Iéna et Austerlitz les divisions rangées sur deux ou trois lignes de colonnes d'attaque à intervalle de déploiement ont eu à parcourir des distances bien plus considérables avant d'en venir aux mains avec l'ennemi ?

Tout porte à croire que le corps du maréchal Augereau a été victime non-seulement d'une fausse direction, mais aussi d'une faute capitale contre la tactique. Cette formation d'une division en une longue colonne serrée de bataillons massés n'est qu'une formation de manœuvre, et l'on doit se hâter de la quitter avant d'être arrivé à portée du feu de l'ennemi. Nous allons voir plusieurs exemples de formations semblables recevant le même châtiment. Ces exemples sont pris dans la guerre d'Espagne. Là, en effet, les armées, bien qu'admirablement composées, étaient peu nombreuses, aussi la moindre faute de ce genre entraînait la perte de la bataille.

Notre cadre ne nous permet pas de raconter les causes qui rendirent la guerre d'Espagne si désastreuse, lorsque nous avions dans ce pays les plus belles troupes du monde; nous ne nous occuperons que de la partie tactique, mais avant nous croyons devoir parler en quelques mots de la tactique anglaise.

Tactique anglaise.

Les Anglais ont toujours soin de choisir une bonne position pour livrer bataille ; ils ne couronnent pas les crêtes des hauteurs sur lesquelles ils se placent ; l'infanterie déployée se forme à une cinquantaine de pas en arrière, de manière à ne pas être vue pour peu que la pente soit un peu roide, des tirailleurs garnissent les pentes. La fusillade et le retour des tirailleurs la préviennent de l'arrivée de l'ennemi ; au moment où il paraît, elle envoie une décharge dont l'effet ne peut être que terrible à une si courte distance, puis elle charge aussitôt ; si elle réussit, elle se contente de faire poursuivre l'ennemi par ses tirailleurs et reprend sa position.

La tactique employée par les Anglais pour repousser les colonnes françaises est très-rationnelle ; après leur feu, ils chargeaient la tête de colonne, tandis que les pelotons des ailes de leurs bataillons se jetaient dans les flancs des Français.

S'ils devaient poursuivre, ils suivaient en ordre leurs tirailleurs, tandis que les Français, lorsqu'ils poursuivent, ne conservent pas toujours leurs rangs, ce qui leur devient quelquefois funeste.

L'ordre d'attaque des Anglais est également en ordre déployé.

Les Anglais livraient donc toujours des batailles défensives et avaient soin de se placer sur des positions formidables ; cependant, malgré toutes leurs précautions, ils auraient dû être battus chaque fois, et les colonnes l'auraient certainement emporté si les formations tactiques des Français eussent été aussi pures que dans les premières guerres de l'Empire, et si d'autres causes encore n'eussent pas rendu inutile le courage de ces admirables troupes qui composaient les armées d'Espagne.

Nous trouvons une faute contre la tactique à la bataille de Busaco. Le 27 décembre, à la pointe du jour, les Français étaient en présence des Anglais. Voici comment le colonel anglais Napier décrit la position occupée par Wellington.

Bataille de Busaco.

« La montagne de Busaco se lie à gauche à la Sierra de Caramula par un terrain entièrement inaccessible à une armée : un chemin règne tout autour de la crête et aboutit à un gué qui mène en quelques heures derrière l'Alva. Le front est escarpé et anfractueux, le sommet forme un plateau, la colline devant Busaco en est séparée par un ravin si profond que c'était tout au plus si on pouvait distinguer à l'œil nu le mouvement des troupes qui y défilaient. Cette sorte d'abîme est si resserré en quelques endroits que les pièces de 12 atteignaient les parties saillantes du côté opposé. »

Le maréchal Masséna, trop confiant dans sa fortune, dirigea, le 27, au point du jour, une attaque de front par la route du couvent, et par celle de San-Antonio, seules directions accessibles. Entre ces deux points d'attaque, il y a près d'une lieue; le maréchal Ney s'avance en face du couvent sur trois colonnes formées chacune d'une division d'infanterie en colonne serrée (les bataillons les uns derrière les autres serrés en masse). Le général Reynier, sur deux colonnes disposées de la même manière, marche sur San-Antonio ; des nuées de tirailleurs couvrent le mouvement des colonnes françaises qui s'élancent au combat avec leur impétuosité ordinaire.

Les troupes de Reynier, ayant à parcourir un terrain plus facile, se trouvent au milieu des éclaireurs anglais au moment même où on commence à les apercevoir; malgré le feu de 6 bouches à feu, les Français arrivent en moins d'une demi-heure au sommet de la montagne. La droite de la 3e division anglaise est enfoncée, le 8e portugais renversé. Les masses françaises s'établissent entre les 3e et 5e divisións anglaises ; quelques bataillons se placent dans les anfractuosités de la montagne, les autres conversent à droite, balayant tout devant eux. Wellington les fait mitrailler en flanc par deux bouches à feu. Les 45e et 88e régiments anglais, après une vive fusillade, les attaquent en tête à la baïonnette; les Français qui sont sur la montagne reforment leurs rangs et s'appuient en partie à un ravin qui tombe au revers de la Sierra.

La division Picton est enveloppée par la droite. Leith accourt avec une brigade, mais il est à près d'une demi-lieue de là, et le précipice auquel s'appuient les Français l'empêche de les tourner.

Cependant l'autre brigade de Leith et même la division Hill, accouraient, et Reynier n'avait que de l'infanterie, sans réserve ni artillerie.

Vis-à-vis Ney se trouvait Crawford avec deux régiments anglais, soutenus par la brigade allemande établie au couvent de Busaco; l'artillerie anglaise entre les rochers. La division Marchand suit la route, et cherche à tourner la droite de la division légère ; la division Loison marche droit devant elle, et la 3e division suit en réserve.

La première brigade de Loison s'élance couverte d'innombrables tirailleurs ; les tirailleurs anglais sont culbutés, leur artillerie est obligée de se retirer ; mais Crawford se précipite sur les Français, et ses régiments, en poussant d'horribles hourras, fondent à la baïonnette sur la tête de colonne de Loison, l'enveloppent et la refoulent sur la queue, et trois terribles décharges, à quelques pas de distance, complètent la déroute.

Le gros de l'armée anglaise ne rompit pas les rangs, un petit nombre de compagnies, seulement, continuèrent la poursuite jusqu'au bas de la montagne ; alors le maréchal Ney, faisant avancer sa réserve et rouvrant son feu d'artillerie sur la hauteur, arrêta la poursuite.

La brigade allemande se répand en tirailleurs sur la montagne, et la division légère reprend sa position. Loison ne renouvela pas l'attaque.

Cependant Marchand avait suivi le grand chemin, et se séparant en plusieurs colonnes, avait réussi à gagner un bois de pins et à envoyer des tirailleurs vers le haut de la montagne, au moment où la division Loison était repoussée. Pack contient les Français, Crawford prend le bois de pins à revers, et le général Marchand se voyant isolé se replie après un combat d'une heure. Reynier, non soutenu, avait pris le parti de battre en retraite.

Les Français eurent 1,800 hommes tués et près de 3,000 blessés dont un grand nombre d'officiers. Les attaques de l'infanterie française, bien que faites en lourdes colonnes, auraient peut-être réussi si elles n'eussent pas été décousues et si le maréchal Masséna les eût fait appuyer par le 8e corps, qui ne fut pas employé. Déjà se manifestaient les premiers symptômes de la désunion qui devait bientôt régner parmi les généraux, chefs de corps, et le maréchal Masséna. Le maréchal Ney avait, pour ainsi dire, engagé l'action sans l'ordre de son chef, en poursuivant à outrance les Anglais le 26 au soir. Il est vrai que ce jour-là les Français comptaient 40,000 hommes en ligne, tandis que chez les Anglais, Leith passait en ce moment la Mondégo, Hill était derrière l'Alva, et Wellington n'avait que 25,000 hommes dans la main. Mais le maréchal Masséna n'arriva qu'à midi avec le 8e corps et la réserve, et quand, enfin, les Français marchèrent à l'attaque, les Anglais le reçurent avec le feu de 50 pièces. Du reste, il n'était plus temps, Hill et Leith avaient rejoint leur armée, et étaient rangés en bataille sur la montagne.

Voici un des premiers exemples de ces lourdes colonnes auxquelles on a depuis attribué, en grande partie, les revers des Français ; mais qui ne voit, au-dessus de ces causes présumées de leurs revers, la désunion de leurs chefs, le décousu de leurs attaques, où le soldat combat bravement, mais souffre des rivalités de ses généraux ?

Les passages par lesquels on peut aborder la position ennemie sont peu nombreux, les troupes restent donc en colonnes et en colonnes serrées, afin que les généraux aient constamment leur monde réuni et puissent déployer leurs troupes quand le moment sera venu.

Reynier a réussi à parvenir sur le plateau ; les bataillons déboitent de la colonne dont ils faisaient partie ; chacun se détache et manœuvre à part, tout en concourant à l'ensemble général. Il est probable que le premier régiment parvenu sur le plateau a dû attaquer droit devant lui ; les autres bataillons ou régiments, sans

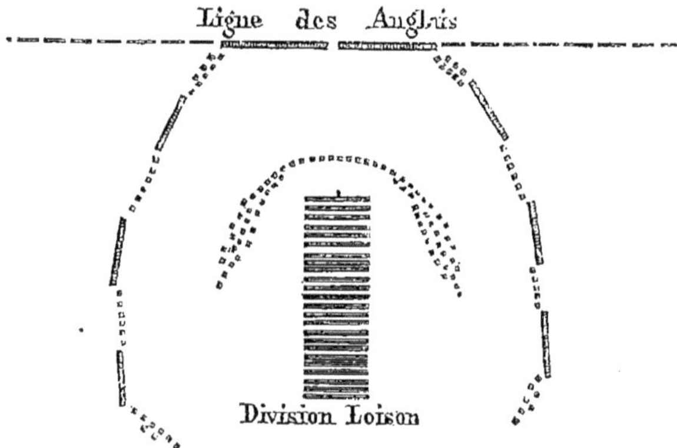

ordre de bataille, mais se conformant au mouvement du combat et aux dispositions du terrain, ont, peu à peu, pris part à l'action. Les soldats français, si intelligents et si disposés à combattre en tirailleurs, se sont développés au milieu des rochers et des ravins, tournant l'aile droite de la division Picton, jusqu'au moment où Leith est venu les mitrailler et les fusiller par derrière. Mais que faisait en ce moment le 8e corps ? Marchand a pu, lui aussi subdiviser sa colonne, et se maintenir accroché aux flancs de la montagne, grâce au point d'appui que lui offrait le bois de pins. Mais la division Loison, assaillie en tête, et débordée à cause même de l'étroite étendue de son front, a été rapidement refoulée à la baïonnette, et détruite par des décharges successives, à bout portant, auxquelles ses bataillons, entassés les uns derrière les autres, n'ont que faiblement répondu.

Du reste, que l'on se représente une colonne profonde et par suite lourde, gravissant péniblement une montée escarpée et difficile, chargée au même moment de front et fusillée de flanc par une troupe fraîche tombant avec impétuosité du haut de la montagne, et l'on aura l'explication du désastre de la division Loison.

Les Anglais, confiants dans la force de leur position, se sont bien gardés de la quitter ; ils ont seulement empêché Loison de reformer ses bataillons, en les enveloppant de nombreux tirailleurs.

L'attaque de Loison n'a pas été renouvelée ; elle pouvait l'être cependant, malgré les pertes nombreuses qui avaient été faites. Il est probable que le maréchal Masséna comprit qu'il userait ses forces à l'attaque d'une position inaccessible, et qu'il serait médiocrement secondé dans ses efforts par ses lieutenants. Aussi manœuvra-t-il le lendemain pour la tourner. A la nuit tombante, il se dirigea par sa droite, prenant un autre chemin qu'un paysan indiqua, et, le lendemain, la position anglaise étant tournée, lord Wellington, qui n'avait rien fait pour empêcher ce mouvement de flanc, continua sa retraite sur Lisbonne.

La lecture de cette bataille inspire cependant les réflexions suivantes :

L'infanterie eût pu, dès le principe, se diviser en plusieurs colonnes d'un régiment, et mieux, d'un bataillon en colonne d'attaque, précédées de nombreux tirailleurs comme à Austerlitz ; le revers d'une de ces colonnes aurait pu être réparé par les colonnes voisines, ou celles qui auraient suivi en échelons ou en réserve.

L'infanterie française était excellente, elle combattit vaillamment ; les chefs lui firent défaut, soit par trop d'ardeur à engager le combat, soit par le décousu des attaques qu'ils ordonnèrent.

L'Empereur trouva que Masséna avait mis trop d'ardeur à attaquer Busaco qui était défendu par de bonnes troupes.

Nous ne raconterons pas la bataille de Fuentès de Onoro qui resta indécise, et qui eût dû être gagnée, témoin les réflexions du colonel Napier :

« Il est certain que d'abord Masséna obtint de grands avantages, Napoléon les eût rendus funestes aux Anglais ; le prince d'Essling s'arrêta court au moment où il lui eût été si profitable d'avancer...

« Quelques-uns ont attribué cette erreur à la seule négligence, d'autres au mécontentement que lui donnait son remplacement ; il paraît plus certain que l'insubordination en fut la cause. »

Nous arrivons à la bataille d'Albuera, bataille admirable comme dispositions préliminaires, et qui se termine par une défaite par suite de fautes commises contre la tactique.

Le maréchal Soult avait sous ses ordres 4 divisions,

comprenant 16,000 hommes, 36 escadrons, faisant un effectif de 3,500 cavaliers, et 50 bouches à feu.

Bataille d'Albuera.

Le maréchal Beresford commandait 4 divisions anglaises, les Espagnols comptaient 24 bataillons et 16 escadrons, ce qui formait un tout de 30,000 fantassins, 2.000 cavaliers et 38 bouches à feu. Cette armée occupait un plateau assez escarpé en arrière du ruisseau d'Albuera.

Le 15 mai, le maréchal Soult arriva en présence de l'ennemi ; dès le lendemain, il résolut d'attaquer l'aile droite de la ligne du maréchal Beresford où se trouvaient les troupes anglaises, tandis que le général Godinot ferait une diversion à l'autre aile, en attaquant le village d'Albuera. Le but du maréchal Soult était de se rendre maître de la route d'Olivenza pour rejeter l'armée anglo-portugaise sur Badajoz, et empêcher la jonction de Blake qu'il ne croyait pas encore effectuée.

Le maréchal Beresford avait ainsi placé ses troupes : Stewart occupait le village d'Albuera, ayant derrière lui les trois brigades de la 2e division, et la 4e division en réserve entre les chemins de Valverde et de Badajoz ; la division Hamilton, la cavalerie Ottway, à gauche ; à droite du chemin de Valverde venaient de s'établir les Espagnols de Blake et de Castanos, sur deux lignes, et, derrière leur droite, la cavalerie de Lumley. Dans la nuit, le maréchal Soult avait masqué le 5e corps et son artillerie derrière une hauteur placée en face de l'aile droite anglaise, et à dix minutes de cette aile. Godinot

9.

est en face du village d'Albuera, soutenu en arrière, à gauche, par Werlé ; la cavalerie légère Briche couvre l'aile droite, les dragons l'aile gauche.

Le 16, à neuf heures du matin, Godinot débouche en une forte colonne serrée, précédée de 10 bouches à feu, et flanquée de Briche. Werlé le soutient. Godinot marche droit au pont, tandis que Briche, avec deux régiments de hussards, observe la cavalerie d'Ottway. Alten défend Albuera, mais Beresford, voyant Werlé rester en échelons et les préparatifs qui se font sur sa droite, devine les desseins du maréchal Soult ; alors il envoie l'ordre au général Blake de placer une partie de la première ligne et toute la deuxième ligne sur la partie supérieure des hauteurs, et à angle droit avec le front primitif. Une brigade de la division Hamilton vient au secours d'Alten, l'autre brigade de cette même division reste en réserve avec le 13ᵉ dragons. La 2ᵉ division vient prendre la place de Blake ; l'artillerie à cheval, la grosse cavalerie de Lumley, et la 4ᵉ division, prennent position sur la droite, la cavalerie et l'artillerie, dans une petite plaine derrière l'Aroya ; la 4ᵉ division obliquement et à une demi-portée de fusil en arrière.

Pendant ce temps, le général français Ruty met en bataille 40 bouches à feu sur les hauteurs qui dominent l'aile droite de la division ennemie. Cette artillerie foudroie les Anglais et les Espagnols pendant que les divisions Girard et Darricau forment chacune une colonne serrée, descendent dans la vallée d'Albuera et en remontent la pente, marchant à l'attaque de la position anglaise, en se couvrant d'une nuée de tirailleurs.

Godinot tient le village d'Albuera dont il a fini par

s'emparer. Werlé laisse un bataillon de grenadiers l'appuyer en échelon en arrière, et suit les colonnes françaises qui gravissent les hauteurs ; la cavalerie légère de Briche remonte vivement la rive gauche de l'Albuera après l'avoir passée, contourne au galop le 5e corps et rejoint Latour-Maubourg qui déjà était en face de Lumley. Ce mouvement avait demandé une demi-heure.

Cependant, le changement de front des Espagnols s'effectuait avec confusion, et ils n'avaient pas encore repris leurs rangs quand les Français parurent sur le plateau déjà labouré par la grêle des projectiles de la grande batterie de Ruty qui avait jusqu'à ce moment porté le trouble et la désorganisation dans les rangs ennemis.

Le maréchal Beresford ne peut former la ligne espagnole assez avant pour faire place à la 2e division ; en ce moment la cavalerie légère française charge l'aile droite des Espagnols en flanc ; ils cèdent. Le maréchal Soult se croyant vainqueur maintient ses troupes en colonnes, et pousse en avant ; la division Werlé soutient le mouvement et gravit les hauteurs. La brigade Colborne de la 2e division Stewart arrive en ce moment au pied du plateau, et marche aux Français sans prendre le temps de se former en bataille ; il pleut à verse. Stewart cherche à s'étendre à la droite des Espagnols ; à mesure que ses troupes arrivent, il charge à la baïonnette malgré le feu des Français ; mais 4 régiments de cavalerie française, hussards et lanciers, qui avaient dépassé le flanc des alliés, chargent sur les derrières de la division de Stewart, et renversent tout hors un bataillon du 31e régiment anglais qui se maintient en carré sur les hauteurs, parce qu'il était encore en colonne au moment de la charge. Lumley lance 4 escadrons qui dégagent ce bataillon. Beresford ne peut réussir à porter en avant les bataillons espagnols décimés et désorganisés. La pluie tombe à torrent et l'obscurité du ciel empêche le maréchal Soult de voir le champ de bataille ; il maintient donc ses troupes en épaisses colonnes ; sa cavalerie entoure celle des alliés qui se défend, grâce à son artillerie.

Une batterie anglaise accourt sur le plateau pour mitrailler les têtes de colonnes françaises ; la brigade Houghton peut enfin s'avancer ; elle est déployée et marche sous la protection de la batterie placée à sa droite ; mais elle est chargée sur son flanc droit par les lanciers français. La 3e brigade de la division Stewart se place à gauche et entraîne dans son mouvement en avant les bataillons espagnols de Rayas et de Ballesteros.

Cependant l'artillerie anglaise peut ouvrir son feu ; l'infanterie française plie ; elle fait en vain de grands efforts pour se déployer ; mais le feu des Anglais finit par se ralentir, car ils font des pertes énormes ; la charge des lanciers, exécutée en ce moment avec vigueur, porte le désordre dans les bataillons de Stewart. Beresford songe à battre en retraite ; il ordonne à Hamilton de prendre une position pour la couvrir, à Alten d'évacuer le village ; mais le colonel Hardingue parvient à le dissuader, et s'avance avec la brigade Abercrombie qui avait peu donné, tandis que la 4e division s'avance aussi à son tour.

La brigade Harvey passe entre la cavalerie de Lumley et la colline ; Myers monte sur les hauteurs ; en ce moment la cavalerie française tombe sur le flanc de la brigade Harvey. Les lanciers français étaient autour de six pièces qu'ils avaient réussi à enlever, et en écartaient tout ce qui s'en approchait ; la brigade Houghton affaiblie pouvait à peine se maintenir ; le champ de bataille était couvert de morts.

Alors paraît la brigade Myers (7e et 23e régiments) flanquée du bataillon lusitanien. Elle disperse les lanciers et s'établit à droite de Houghton, pendant qu'Abercrombie s'établit à gauche. Cette ligne de bonnes troupes étonne les Français qui s'avançaient dans la confiance de la victoire ; leurs colonnes hésitent, vomissant leurs feux, et cherchant en vain à se déployer, pendant qu'une décharge de l'artillerie française laboure les rangs des Anglais qui perdent presque tous leurs chefs, généraux et officiers.

Voici comment le colonel Napier rend compte de la charge de la brigade Myers :

« Battus par cette tempête de fer et de feu, les fusiliers de Myers vacillent comme des vaisseaux prêts à sombrer. Tout à coup ils se raffermissent, et chargent leurs formidables ennemis avec cette force et ce noble courage particuliers au soldat anglais. En vain du geste et de la voix Soult excite-t-il les siens, en vain les plus intrépides d'entre eux s'arrachent des rangs si serrés de leur colonne pour en faciliter le déploiement au prix de leur vie, en vain la masse entière des troupes françaises se porte en avant, et dans son effort tire indistinctement sur ses amis, sur ses ennemis, pendant que la cavalerie française menace la ligne anglaise d'une charge ; rien ne peut arrêter cette étonnante infanterie anglaise ;

aucun mouvement d'un enthousiasme irréfléchi ne trouble l'ordre dans lequel elle s'avance ; son regard est immobile sur ces noires colonnes qui sont là devant elle ; son pas ferme et mesuré ébranle le sol ; sa fusillade balaie la tête de tout ce qui cherche à se former ; ses hourras assourdissants dominent les cris que jette de toute part cette foule tumultueuse repoussée pas à pas, et avec un horrible carnage jusqu'à l'extrémité du sommet de la colline, tant l'attaque est vigoureuse.

« Les réserves françaises en accourant ne font qu'ajouter à la confusion. » (Napier, livre XIV, chap. VI, p. 286.)

La brigade Harvey arrête les charges des dragons de Latour-Maubourg, qui cependant par leur contenance empêchent la cavalerie de Lumley de charger à son tour l'infanterie française. Alten reprend le village, il est soutenu par une partie de la première ligne de Blake ; les Portugais d'Hamilton et de Collins, formant une masse de 10,000 hommes, viennent appuyer l'attaque des fusiliers et de la brigade Abercrombie en même temps que les divisions Rayas et Ballesteros se portent en avant ; ces troupes ont beaucoup à souffrir de l'artillerie du général Ruty qui est concentrée en une forte batterie sur le plateau même où se livre le combat.

En vain la division Werlé cherche à rétablir le combat, les Français plient sous le redoutable effort des Anglais. L'artillerie de Ruty repasse au galop le ravin, s'établit en batterie sur le revers opposé, et protége la retraite de concert avec la division Werlé et la cavalerie. Godinot et le bataillon de grenadiers furent rappelés ; il était deux heures et demie, le combat avait duré quatre heures, et cependant les pertes des deux partis étaient énormes. 8,000 Français et 7,000 alliés.

Beresford était trop maltraité pour songer à inquiéter la retraite des Français ; sur 6,000 Anglais présents au commencement de la bataille, il en restait 1,500 sous les armes à la fin de l'action.

L'artillerie et la cavalerie sauvèrent à cette bataille l'infanterie et l'armée françaises.

La bataille d'Albuera nous donne l'explication des désastres de l'infanterie française à Waterloo. Les fautes y sont les mêmes ; dispositions préliminaires admirables de tactique, mais fautes énormes et majeures dans l'application.

Les divisions Girard et Darricau étaient en colonne serrée, c'est-à-dire que les bataillons de ces divisions, ployés chacun en colonne serrée par division, la droite en tête, étaient massés les uns derrière les autres. Ils gravirent la colline dans cet ordre, combattirent dans cet ordre, couverts par de nombreux tirailleurs. Le désordre se mit dans ces masses compactes où tous les rangs devaient nécessairement finir par se confondre ; ces colonnes se virent peu à peu environnées par l'infanterie anglaise, et quand Soult, voyant le combat devenir plus sérieux, voulut les déployer et leur faire prendre leur ordre naturel de bataille, il ne put jamais y parvenir. La réserve se présentant sur le plateau dans le même ordre fut enveloppée dans la déroute générale.

Les causes de ce désastre sont les mêmes que celles de la défaite de la division Loison à Busaco ; mais à Busaco il fallait absolument suivre certains chemins, les seuls praticables, tandis qu'à Albuera il était possible d'agir différemment.

Il y a loin des manœuvres de l'infanterie du maréchal Soult à Austerlitz et des manœuvres de son infanterie à Albuera. Là est l'explication de sa défaite.

Le colonel Napier rend ainsi compte du combat de mousqueterie qui s'engagea sur les hauteurs d'Albuera, après le changement de front en arrière exécuté par les Espagnols :

« L'infanterie ennemie plia, mais se remettant aussitôt, combattit avec plus d'ardeur encore qu'auparavant; des deux côtés, l'artillerie faisait pleuvoir la mitraille à demi-portée de canon, et l'infanterie des deux nations tirait sans relâche et souvent à bout portant.

« Les formations trop compactes des Français les gênaient beaucoup, et les Anglais ne leur laissaient pas un instant de répit pour élargir leurs rangs.

« Le 57e régiment perd 22 officiers et 400 hommes sur 570 qui avaient gravi la hauteur. Les autres régiments ne furent pas mieux traités ; pas un ne conserva le tiers de ses troupes; les munitions manquèrent, et l'ennemi profitant du ralentissement du feu, établit une colonne en avant sur le flanc droit. L'artillerie anglaise l'arrêta quelque peu, mais dans ce moment de crise, Beresford chancela; la destruction était là devant lui, il admit la fatale pensée d'une retraite.

« Enfin la brigade de fusiliers s'avance en ordre déployé et vient ranimer la résistance des Anglais, etc. »

L'auteur continue (livre XIV, chapitre VII, page 305) : « Mais la bravoure elle-même des soldats anglais aurait-elle gagné la journée à Albuera si le général français n'eût pas commis de graves erreurs ? On ne saurait trop admirer le plan et l'exécution de son attaque jusqu'au moment où la ligne espagnole se replie en désordre ; après cela ce fut une grande faute que de continuer à tenir les troupes en colonnes serrées. On perdit par là la plus belle occasion offerte aux armes françaises.

« Si le 5e corps se fût déployé alors qu'il le pouvait, c'est-à-dire dans le temps qui s'écoula entre la retraite des Espagnols et le mouvement de la brigade Houghton, Beresford aurait-il échappé à une entière défaite ? Le feu des colonnes ennemies détruisit les deux tiers des troupes anglaises, celui de toute sa ligne aurait sans doute tout anéanti.

« Néanmoins (page 309), tout bien considéré, les alliés n'auraient pu soutenir un second combat, et si les Français eussent attaqué de nouveau, une lutte désespérée se serait tournée à leur avantage. Beresford en était si convaincu que le 16 au soir il écrivit à lord Wellington qu'il s'attendait à une ruine certaine..... Si le maréchal Soult eût montré de la ténacité à rester dans ses positions, Beresford aurait dû se retirer. »

Mais il était écrit que les Français ne sauraient point vaincre les Anglais, et bientôt la bataille des Arapiles fut livrée à contre-temps, et cependant, depuis un mois, lord Wellington n'avait pu forcer l'armée française à se battre. Les deux généraux (Wellington, Marmont) manœuvraient sous le canon l'un de l'autre, cherchant à s'emparer des plateaux qui faisaient la sûreté réciproque de leurs opérations, « seul genre d'opérations qui convienne avec les Anglais, qui ont un talent particulier pour prendre position et qu'il faut contrarier autant que possible en empêchant, avant de combattre, qu'ils puissent s'y établir. » (Lettre du maréchal Marmont au roi Joseph, 25 juillet 1812.)

Des renforts arrivaient au maréchal, du nord et du centre, lorsqu'il risqua le sort de l'Espagne dans une bataille contre une armée presque double de la sienne. Cette faute eut les conséquences les plus graves : l'armée fut démoralisée par tous ses échecs successifs, l'Espagne fut perdue.

1815.

Au combat des Quatre-Bras, les colonnes françaises étaient formées comme à Busaco et Albuera ; cependant l'attaque du bois de Bossu fut exécutée en deux colonnes, d'une brigade chacune. Les Anglais combattirent en ordre déployé sur deux lignes ; leur position était trop étendue, et une charge vigoureuse sur le centre l'eût enfoncé ; le maréchal Ney n'attaqua pas franchement.

A Waterloo, le déploiement de l'armée française est admirable ; mais, dès le début de l'attaque, reparaissent les mêmes fautes contre la tactique ; le maréchal Ney forme chaque division de son corps d'armée en une longue colonne serrée et attaque en échelon par la gauche.

Le premier acte de la bataille a été l'attaque d'Hougomont, qui a été faite avant que l'artillerie eût produit son effet et assuré l'action de l'infanterie.

Les Anglais placèrent avec raison leurs meilleures

troupes dans ce château, dont la prise devait nécessairement précéder l'attaque de la position anglaise.

Ces troupes ont montré la plus grande ténacité ; elles ont, du reste, été soutenues par les divisions placées en arrière. La grande opiniâtreté mise par les Anglais dans la défense du château d'Hougomont, et la proximité de leur ligne de bataille derrière la Haye-Sainte, engagèrent l'Empereur à appuyer l'attaque de ce dernier poste par une attaque générale sur l'aile gauche de la position anglaise.

A cet effet, une batterie de 80 bouches à feu s'établit en face de la division Perponchez, l'infanterie des 4 divisions du 1er corps s'avance en échelons par la gauche.

Quelques écrivains militaires ont voulu établir, comme pour la bataille de Wagram, que ces colonnes étaient formées de bataillons déployés, placés les uns derrière les autres, à distance de division ; mais nous sommes de l'avis du général Lamarque, qui dit, avec juste raison, que l'on n'a pas pu employer une manœuvre si absurde, si compliquée, et si contraire aux règlements français. On n'a pas le temps d'innover sur le champ de bataille. Tout prouve que chaque échelon fut composé d'une division d'infanterie en colonne serrée, et que les bataillons ployés, chacun en colonne serrée par division, étaient massés les uns derrière les autres comme le prescrit le règlement sur les manœuvres. Ici, les échelons se formant par la gauche, furent formés de bataillons ployés, la gauche en tête ; ainsi, le 105e, dernier régiment de la 1re division (1er échelon,

1re colonne) aborda le premier les Anglais ; il en fut de même pour la division Marcognet.

Chaque colonne était précédée d'une nuée de tirailleurs ; l'artillerie divisionnaire, après avoir battu la position anglaise pendant que les colonnes traversaient le vallon qui séparait les deux armées, descendit à son tour et suivit la marche des colonnes, cherchant à se placer en batterie sur le plateau anglais afin de concourir au mouvement de l'attaque. C'est comme à Albuera.

L'échelon de gauche se dirigea sur la Haye-Sainte, seulement la 2e brigade marcha droit devant elle, tandis que la première déboîtait à gauche pour attaquer.

Le 2e échelon resta en arrière, formant la réserve ; le 3e échelon, division Marcognet, vint culbuter la brigade Bylandt. Le moment allait être décisif. Si les avantages remportés par les têtes des 1er et 2e échelons eussent été vigoureusement soutenus, la prise de la Haye-Sainte eût été non-seulement assurée, mais on eût, probablement, repoussé l'aile des Anglais. Mais les trois quarts des troupes destinées à l'attaque se trouvaient trop éloignées du point décisif pour prendre part au combat. Le centre et la queue des colonnes étaient dans le bas-fond, ne voyant pas ce qui se passait à la tête ; elles étaient mises un peu en désordre par les blessés et les morts qui embarrassaient les rangs. Les bataillons du centre et de la queue étaient, pour ces raisons, hors d'état de seconder l'action de la tête.

Les Anglais profitent de cet état de choses pour lancer à la baïonnette les 42e et 92e sur le flanc droit de la 3e colonne. Ces régiments viennent fusiller à bout portant cette masse compacte qui, dès ce moment, se trouva dans l'impossibilité de se déployer.

La cavalerie Ponsomby chargea à l'improviste les 54ᵉ et 105ᵉ. Les cuirassiers français repoussèrent bien cette charge, mais le terrain était mauvais, et ils ne purent empêcher la cavalerie anglaise de porter le désordre à la queue des colonnes. Ainsi échoua cette première attaque.

Les échelons n'étaient pas assez nombreux ; ils étaient formés de masses profondes, difficiles à déployer sous le feu de l'ennemi, car on manœuvre difficilement pendant le combat, trop heureux si l'on peut maintenir l'ordre convenable.

Il est certain, cependant, que les colonnes françaises auraient écrasé les lignes anglaises sans l'arrivée des Prussiens ; du reste, elles avaient fini par se déployer, du moins en grande partie.

Sans doute, dans le commencement, ces longues colonnes gravissant une pente roide sur un sol détrempé, ont été à leur début assez mal accueillies ; mais, bientôt, après ce premier échec, nous trouvons partout les troupes françaises déployées, c'est-à-dire, ici en tirailleurs en grande bande, là en colonnes de bataillons, ailleurs en ligne pleine ; tantôt victorieuses, tantôt refoulées par un feu à courte distance et une charge à la baïonnette.

L'action s'est constamment nourrie sur le front de l'attaque par des nuées de tirailleurs, et, sans l'arrivée des Prussiens, la résistance de l'infanterie anglaise eût amené sa ruine complète.

Le major Damitz résume ainsi la question : « Toute

la ligne de bataille du duc de Wellington se trouvait engagée vers quatre heures, tandis que l'Empereur n'avait opposé aux Anglais que deux corps d'armée. Plus tard, l'Empereur renouvelle ses attaques avec la cavalerie, et les charges ayant duré jusqu'à six heures et demie, les Anglais sont tellement ébranlés, que le duc, d'après ses propres paroles, fut sur le point de s'avouer vaincu. Napoléon, en ce moment, avait encore en réserve le 6e corps et la garde.

« Lorsque les Prussiens parurent, l'Empereur leur opposa 16 bataillons du 6e corps, 14 bataillons de la garde et 8 à 12 de la division Durutte. Les Anglais n'eurent donc à combattre que 55 bataillons français. Or, le 2e corps avait combattu et souffert aux Quatre-Bras, tandis que le 1er et le 6e corps n'avaient pas donné, et les Prussiens durent ainsi faire face à 42 bataillons et à la cavalerie de Subervic.

« Il faut reconnaître qu'à l'exception de la cavalerie, les Prussiens avaient à combattre la moitié des forces françaises, et qu'il n'y avait pas un autre moyen de trancher plus heureusement la question. »

Puisque nous citons le major Damitz, nous allons rapporter ici ce qu'il conclut de la nonchalance mise par Grouchy à poursuivre l'armée prussienne en retraite : « C'est, dit le major prussien, une preuve évidente du penchant qu'a une armée de se livrer au repos après le gain d'une bataille. Chacun veut jouir immédiatement d'une gloire qui, cependant, ne saurait être solide, si l'ennemi n'a été vivement poursuivi. Après une victoire, le général en chef doit déployer la plus grande activité.

« Napoléon aurait dû placer à l'avant-garde le 6e corps qui n'avait pas donné et qui était frais.

« Dans les campagnes précédentes, l'activité de Napoléon, après les batailles gagnées, n'a été regardée comme si extraordinaire qu'en la comparant à celle de ses adversaires ; les Français ne sont pas, du reste, habitués à poursuivre vivement leurs ennemis vaincus ni à commencer leurs batailles de bonne heure, pas plus qu'à se mettre en marche de bon matin. »

Vraie ou fausse, cette parole un peu acerbe doit être méditée.

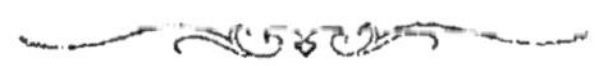

CHAPITRE IX.

Considérations sur les principes tactiques des puissances étrangères.

La guerre de Crimée nous donne un nouvel exemple de l'importance de la tactique. Les armées alliées ont toujours été victorieuses, parce qu'elles étaient tactiquement supérieures à leurs adversaires ; aussi la Russie a-t-elle, à la paix, abandonné ses procédés tactiques, et adopté les meilleurs principes qui régissent les armées modernes. Ces principes sont parfaitement définis dans les règlements des puissances allemandes. La Prusse et l'Autriche ont abandonné d'une manière complète les principes de l'école linéaire.

Le règlement de manœuvres de l'armée autrichienne, qui correspond à nos évolutions de ligne, donne tous les mouvements qu'une ou plusieurs brigades peuvent être appelées à exécuter ; il fixe en outre le rôle de l'artillerie dans chacun de ces mouvements. L'ordre de bataille de la brigade est sur deux lignes de colonnes serrées à intervalle de déploiement ; les bataillons de ces deux lignes obéissent au commandant de la brigade ; s'il y a deux brigades, elles se placent l'une à côté de l'autre avec un intervalle de 120 pas. S'il y avait une troisième brigade, elle se placerait en réserve en arrière du centre.

Les Autrichiens, comme les Prussiens, ont adopté l'ordre par brigades accolées, que l'empereur Napoléon avait ordonné de prendre à Austerlitz. Les règlements de ces deux puissances laissent dans tous les mouvements la plus grande latitude aux chefs de bataillon pour la conduite de leurs troupes. Quant à la détermination de la forme tactique la plus convenable, ils donnent comme base de formation la colonne serrée de bataillon.

Notre nouveau règlement, sans définir la formation des brigades et des divisions, nous donne tous les moyens de faire manœuvrer les troupes d'une manière simple et rapide.

En fait, il n'existe guère que cette différence entre nos évolutions de ligne et les règlements correspondants de l'Autriche et de la Prusse ; mais les différences sont bien plus considérables en ce qui concerne l'école de bataillon. Ainsi le règlement autrichien donne les prescriptions les plus détaillées concernant les différentes manières d'aborder l'ennemi.

Nous croyons devoir les reproduire en partie, parce qu'il s'y trouve d'excellents principes.

« Lorsque vous voudrez chasser l'ennemi de la position qu'il occupe, attaquez à la baïonnette ; l'attaque pourra se faire en ligne ou en colonne. Vous attaquerez en ligne si vos troupes sont d'un moral supérieur à l'ennemi ; la plus grande partie de votre monde prenant ainsi part au combat, vous êtes presque certain du succès ; dans cet ordre, vous souffrirez bien moins du feu de l'artillerie que si vous étiez en colonne. Toutefois, comme il faut arriver avec ensemble sur la position à enlever, il est indispensable que l'espace à traverser permette la marche en bataille ; il faudra, de plus, que vous n'ayez point à redouter l'attaque de la cavalerie.

« Vous attaquerez en colonne lorsque, avant tout, vous voudrez donner à vos troupes une grande mobilité. Vous pourrez alors, tout en maintenant l'ordre dans vos rangs, surmonter les difficultés de toutes sortes que vous rencontrerez, et vous former en carré en moins de rien. Il est vrai qu'ainsi vous serez exposé à subir de plus fortes pertes, par suite du feu de l'artillerie ; mais il sera bien rare que vous ne puissiez vous soustraire à cette circonstance fâcheuse en dirigeant vos colonnes avec tact et prévoyance, et profitant pour vous défiler, ici d'un pli du terrain, là d'un bouquet d'arbres, plus loin d'une haie ou d'un couvert quelconque.

« Vous vous déciderez donc pour l'attaque en ligne ou en colonne, d'après la configuration du terrain, les rapports de combat existants, le moral de vos troupes, leur degré d'habileté tactique ; mais une fois fixé à cet égard, persuadez-vous bien qu'il n'y a pour frapper l'ennemi de crainte, vous soustraire en quelque sorte à son feu et arracher la victoire, qu'une marche rapide, incessante, suivie d'un choc impétueux à l'arme blanche.

« Marchant à l'ennemi, gardez-vous donc bien, quoi qu'il arrive, de vous arrêter pour répondre à son feu. Ce temps d'arrêt ferait infailliblement manquer l'attaque, et serait une cause de désordre. Dans un moment critique, accélérez, au contraire, votre marche ;

toutefois, il faut que vous ménagiez assez vos soldats, pour qu'au moment du choc ils puissent donner à plein collier.

« Qu'une troupe attaque en colonne ou déployée, il faut qu'elle soit soutenue par une réserve toujours en colonne, qui marche à 150 ou 200 pas en arrière du centre. Si l'attaque est faite par un bataillon, cette ré-

Bataillon autrichien de 1,200 hommes attaquant à la baïonnette.

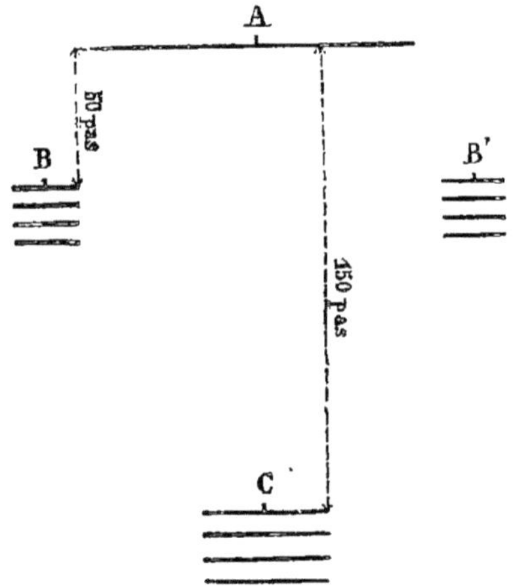

A Division déployée.
B Demi-division en colonne à demi-distance la droite en tête.
B' Demi-division en colonne à demi-distance la gauche en tête.
C Division suivant en réserve formée en colonne double serrée.

serve pourra être forte du tiers au moins du bataillon, soit une division.

« Si les circonstances le permettent, il sera, en outre, fort avantageux de placer à environ 50 pas en arrière des ailes de la partie attaquante des subdivisions de soutien qui, indépendamment de ce qu'elles assureront les flancs de l'attaque, chercheront à déborder l'ennemi et le poursuivront si on parvient à le rompre.

« Il faut toutefois se garder avec soin de morceler les troupes que l'on mène à l'attaque, et ne point s'aviser de recourir quand même aux dispositions ci-dessus.

« Ces dispositions s'appliqueront mal à une compagnie, à une division, ou même à un bataillon d'un faible effectif. Dans ce cas on se bornera à se créer une

Bataillon formé en colonne double (Prusse).

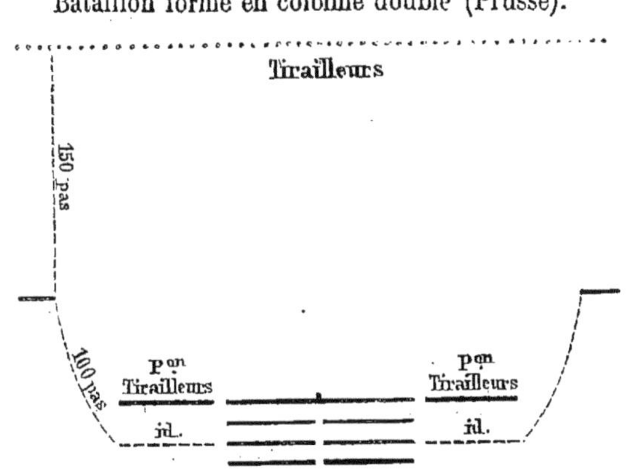

réserve, et l'on ne tiendra aucun compte de ce qui a été dit des subdivisions en échelons sur les flancs.

« Après toute attaque, quelle qu'en soit l'issue, la troupe qui l'a fournie est en désordre ; si l'on est vainqueur, les troupes de soutien se mettent aux trousses de l'ennemi, et l'on se rallie sur place prêt à faire tête à une contre-attaque ; si au contraire on a été repoussé, on se rallie en arrière de la réserve.

« Les circonstances exigent-elles que vous attendiez de pied ferme une attaque à la baïonnette ; vous ferez déployer votre monde et vous accueillerez l'ennemi par des feux de bataillon. Après le dernier feu donné environ à 50 pas, vous ferez croiser la baïonnette et incontinent vos hommes courront sus aux assaillants avec ensemble si c'est possible, avec impétuosité toujours. »

Les règlements dont nous nous occupons ont adopté au sujet des tirailleurs les principes les plus purs préconisés par les élèves de Ménil-Durand. Le règlement prussien surtout est remarquable sous ce rapport. Le front du bataillon est toujours le même ; les tirailleurs en Prusse sont fournis par le troisième rang. Le bataillon prussien est composé de quatre compagnies formant chacune deux pelotons.

Dès que le bataillon manœuvre, le 3e rang de chaque compagnie forme un peloton de tirailleurs portant le numéro de la compaguie à laquelle il appartient. Les deux premiers pelotons se portent derrière l'aile droite, les deux derniers se portent derrière l'aile gauche. Chaque peloton est divisé en deux sections qui opèrent comme dans notre école de tirailleurs, une section est déployée, une section reste en réserve. A moins de cas exceptionnels on ne déploie que deux pelotons; les deux autres pelotons flanquent les deux côtés du bataillon. Les prescriptions sont remarquables ; ainsi, lorsqu'une ligne

Quatre bataillons prussiens attaquant en colonne double.

de colonnes marche à l'ennemi, les hommes des deux pelotons déployés en tirailleurs finissent par marcher à hauteur des têtes de colonne, dans les intervalles, et les deux autres pelotons de tirailleurs de chaque bataillon servent de soutien et marchent derrière la ligne des tirailleurs.

Le règlement autrichien fait également usage de son troisième rang, mais il ne l'emploie pas d'une manière exclusive au service des tirailleurs ; le troisième rang forme des pelotons supplémentaires pour remplacer ceux de la ligne de bataille que l'on serait appelé à envoyer en tirailleurs ; de cette manière on présente toujours le même front de bataille.

En Suède, la compagnie est divisée en trois sections dont deux de bataille et une de tirailleurs. On voit donc que toutes ces puissances ont admis que les tirailleurs ne devaient pas être pris dans la ligne de bataille, au moins ordinairement.

Ce sont tout à fait les principes de l'ordre français ou perpendiculaire.

En France, nous n'avons pas admis cette nécessité ; l'école de bataillon ne dit même pas où il faut prendre les tirailleurs ; cependant, dans notre nouveau règlement, il est dit que lorsqu'il y aura un septième peloton, il ne fera pas partie de l'ordre de bataille et servira à fournir des tirailleurs. Il est à regretter que notre organisation ne comporte pas alors sept pelotons par bataillon ; de cette manière on serait obligé de faire l'école de bataillon avec des tirailleurs, ne fût-ce que pour utiliser ce septième peloton.

Avec notre organisation à six polotons, sitôt que l'on prendra un peloton pour couvrir le bataillon, le vide formé par la distance réglementaire qui doit exister entre deux bataillons s'augmentera d'une manière sensible ; si l'on rappelle les tirailleurs, on est obligé de les remettre en ligne, ce qui n'est pas juste, car ces hommes viennent de faire un service pénible ; de plus ils peuvent ne pas rentrer. Les bataillons ne peuvent plus profiter de la formation de la colonne double et doivent nécessairement se former en colonne serrée par peloton pour pouvoir faire face aux éventualités d'une charge de cavalerie. Ce n'est certes pas un inconvénient, car du temps de l'Empire nous manœuvrions presque toujours en colonne serrée par peloton ; mais le plus grand inconvénient, c'est de ne pouvoir fournir de tirailleurs sans diminuer beaucoup le front de bataille, et augmenter par conséquent les intervalles. Si nous avions huit compagnies par bataillon, il y en aurait six en bataille et une derrière chaque aile. Ces compagnies fourniraient les tirailleurs, serviraient de soutien aux ailes du bataillon, protégeraient les flancs du bataillon en colonne.

Chaque compagnie passerait à son tour compagnie de tirailleurs.

Un autre avantage de cette formation, c'est que l'école de bataillon deviendrait vraiment l'école de guerre. Les compagnies devraient y arriver connaissant parfaitement l'école de peloton et l'école de tirailleurs. L'école de bataillon, au lieu d'être une école de peloton, serait ce qu'elle doit être, l'école d'ensemble des écoles de peloton et de tirailleurs. Les hommes, en arrivant à l'école de bataillon, n'ont plus rien à apprendre comme instruction mécanique. L'école de soldat les a formés individuellement, les écoles de peloton et de tirailleurs leur ont appris à tenir leur place dans l'ensemble. Arrivés à ce degré d'instruction, il s'agit de leur faire voir le but de ce qu'ils viennent d'apprendre ; ce but, c'est l'école de bataillon qui doit le leur faire comprendre.

L'école de bataillon doit donc être la réunion des deux écoles. Or, tant que l'école de bataillon ne sera pas dirigée dans ce sens, ce ne sera qu'une école de pelotons, et le but sera manqué.

Le nombre des pelotons de bataille peut être quelconque ; mais les tirailleurs que l'on est appelé à fournir habituellement doivent être pris en dehors de ces pelotons. Notre organisation étant à six pelotons pour le moment, pourquoi ne pas avoir cinq compagnies de bataille et une de tirailleurs répartie derrière chaque aile ? Pourquoi ne pas admettre comme règle qu'au-dessous de six compagnies il y en aura toujours une en dehors de la ligne de bataille ?

Il est une formation à laquelle les étrangers donnent une telle importance que nous croyons devoir en parler. C'est la formation appelée colonne de compagnie ; elle est adoptée aujourd'hui dans toute l'Allemagne, en Russie, en Suède. En Prusse, la colonne de compagnie se forme de la manière suivante :

Les 1re et 2e compagnies se forment en colonne par peloton la gauche en tête ; les 3e et 4e se forment la droite en tête.

De cette manière le bataillon présente trois petites colonnes, l'une centrale formée de deux compagnies en colonne par peloton, les autres d'une compagnie en colonne séparée de la colonne centrale par un front de peloton.

Les pelotons de tirailleurs se portent derrière leurs compagnies en réserve.

Cette formation est excellente, elle présente de grandes facilités pour faire des détachements, ce que ne permet que difficilement la formation en colonnes serrées; ainsi, par exemple, le bataillon en colonne serrée marche en avant précédé de ses tirailleurs ; si la ligne a besoin de soutien, si ses flancs sont menacés, comment le chef de bataillon fera-t-il pour soutenir sa ligne ou

Bataillon prussien formé en colonnes de compagnies.

Trs Tirailleurs Trs

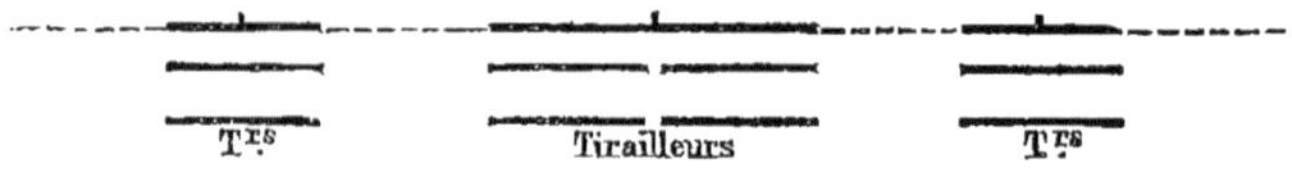

protéger ses flancs? La formation en colonnes de compagnies des Prussiens offre tous les moyens de porter des détachements au secours d'une partie de la ligne.

En Suède, où elle est adoptée, on forme le carré dans cet ordre ; ainsi les colonnes des ailes forment le carré de compagnie ; la colonne centrale forme le carré de division.

On peut de cette formation passer à la colonne double, en faisant porter les colonnes des ailes derrière la colonne double ; on peut étant en colonne double passer à la formation en colonnes de compagnies par le déplacement des 1re et 4e compagnies.

Cette formation paraît présenter de si grands avantages que quelques tacticiens allemands ont même proposé d'adopter la colonne de compagnie comme ordre fondamental ; la compagnie formerait l'unité tactique ; il n'y aurait plus d'inversion, la compagnie n'aurait pas de place fixe dans l'ordre de bataille. La colonne serrée de bataillon ne serait plus formée que de petites colonnes de compagnie accolées ; de cette manière le bataillon pourrait avoir un nombre quelconque de compagnies.

L'étude des règlements étrangers nous porte à remarquer que l'on attache un grand prix à ce que les bataillons soient de la plus grande mobilité. Ils doivent pouvoir se subdiviser sans trouble et sans confusion suivant les besoins. Le chef de bataillon, les commandants de compagnie doivent donc trouver dans la théorie le moyen d'arriver à ce résultat ; tous les perfectionnements sont dirigés dans ce sens.

Toucher aux règlements est une chose sérieuse qui ne peut se faire que petit à petit.

Nous venons de recevoir un règlement qui, sans s'éloigner beaucoup de nos anciennes théories, est cependant bien supérieur.

On ne pouvait apporter trop de changements à la fois sans détruire momentanément l'instruction des corps.

Aussi nous devons reconnaître que l'on a apporté la plus grande prudence dans les modifications ; mais nous sommes convaincu que ce n'est qu'une théorie de transition qui recevra plus tard des modifications plus grandes, en ce qui concerne surtout l'école de bataillon.

TABLE DES MATIÈRES.

www.ingramcontent.com/pod-product-compliance
Ingram Content Group UK Ltd.
Pitfield, Milton Keynes, MK11 3LW, UK
UKHW021056200726
13857UKWH00003B/942

9 782013 062305